スマートコミュニティのためのエネルギーマネジメント

スマートグリッド編集委員会［編］

大河出版

Energy Management Systems for Smart Community

Edited by
Editorial Board of the Technical Journal on Smart Grid

Published by
TAIGA Publishing Co., Ltd.

まえがき

　現代社会においてセンサと情報通信技術(ICT)の融合技術であるセンサネットワークが普及している。センサネットワークの発達によりある目的対象を常時監視や自動制御することが可能となっている。その発展形としてアンビエントコンピューティング(Ambient Computing)がある。アンビエントコンピューティングとは人間の周囲，環境のあらゆる場所にコンピュータやICT機器が存在し，意識せずにそれらの機器を使えるようにするコンピュータ技術を指す。「いつでも，どこでも，何でも，誰でも」がコンピュータで繋がる技術であるユビキタスコンピューティング(Ubiquitous Computing)の後継技術として注目されている。アンビエントコンピューティング環境を持つ社会はアンビエント社会と呼ばれている。アンビエント社会はセンサ，ネットワーク，人工知能の融合とも呼ばれる。アンビエント社会の到来により，人間の創造活動を支援する社会，安全・安心，快適，環境にやさしい人間的情報社会の実現が期待される。

　電力と情報通信の双方方向の機能を持つスマートグリッドは上述の視点からエネルギー分野とアンビエント社会の接点として見ることができる。スマートグリッドは次のような経緯で米国で発案された。米国では送配電網の老朽化による電力供給信頼度の確保が懸念される環境下で2003年8月に発生した米国北東部大停電は被害総額60億ドル(約7300億円)をもたらした。そのことを受けて，2009年1月発足のオバマ政権では2008年9月に起きたリーマンショック後の景気刺激政策としスマートグリッドに大規模投資が行われ，スマートグリッドがエネルギー分野および関連分野から脚光を浴びるようになった。その結果，スマートグリッドブームが世界中に巻き起こり，現在に至っ

まえがき

ている。米国技術者 Garrity によれば，スマートグリッドとは自己修復，デマンドレスポンス（DR; Demand Response）を介して需要家の電力運用への参加促進，サイバー・フィジカル攻撃・事故への回復力，電力品質の維持，発電と蓄電のオプションや新しい電力商品・サービスの受入れ，電力設備のアセットマネジメントと運用効率最適化の機能を持つ電力ネットワークを意味する。このことからスマートグリッドは異分野融合分野であることが窺われる。さらにスマートグリッドの発展形として電力に加えて社会インフラである熱，水，交通，医療，生活情報などのデータ収集，常時監視と最適制御に着目したスマートコミュニティが考案されている。

現在，スマートグリッドやスマートコミュニティに関する書籍は多数存在するが，本書は他の書籍と異なり，次の4つの特徴がある。

① 本書はスマートグリッドの発展形のスマートコミュニティに焦点を当てたこと。
② スマートコミュニティの機能を支える基盤技術であるエネルギー管理システム EMS（Energy Management System）について書かれたこと。
③ スマートコミュニティに関係する広範囲な技術者をターゲットとして書かれたこと。
④ 従来のスマートグリッドやスマートコミュニティに関する書籍は一般向けの教養書であるため数式を省いているが，本書ではエネルギーネットワークに関する数式を必要に応じて記述したこと。

ここで EMS について説明する。EMS とは，エネルギーネットネットワークにおいてデータ収集し，常時監視すると同時に制御対象（例えば，電力ネットワークの電圧や周波数）を自動制御するシステムの総称であり，様々な形態を持つ。最近では，スマートメータが設置さ

れたビル，工場，住宅，地域全体ためのエネルギー管理システムをそれぞれ，BEMS（Building Energy Management System），FEMS（Factory Energy Management System），HEMS（Home Energy Management System），CEMS（Community Energy Management System）と呼ばれ，それらがエネルギーネットワークに普及されつつある．

　本書は9章から構成されている．その本書の構成は以下のとおりである．
　第1章ではエネルギーネットワークにおけるエネルギー流量・圧力の計算モデル，電力エネルギーネットワークの需給バランス，供給と需要の協調と再生可能エネルギーの有効利用を視野にいれたこれからの方向性について述べている．
　第2章では従来型の需給バランス制御として負荷予測，発電機起動停止計画について解説した後，再生可能エネルギーの導入に基づく変化について記述している．さらに，新しいエネルギーマネジメントとしてデマンドレスポンス，再生可能エネルギーを考慮したEMS，EMSによる制御の概念に言及している．
　第3章ではスマートコミュニティの共通要素技術として太陽光発電予測技術，風力発電予測技術，負荷予測技術，電力貯蔵制御技術，熱電併給制御技術について事例も含めて解説している．
　第4章ではスマートコミュニティにおいて需要家側の負荷を調整するデマンドレスポンスについて述べている．電力需給とデマンドレスポンス，デマンドレスポンス実用性，経済産業省「次世代エネルギー・社会システム実証」の横浜スマートシティプロジェクトのデマンドレスポンス事例について言及している．
　第5章ではスマートコミュニティにおけるEMSであるCEMSについて述べている．CEMSの仕組み，CEMS制御，経済産業省「次世代

まえがき

エネルギー・社会システム実証」のけいはんな学園都市におけるCEMS実証試験を解説している。

　第6章ではビルにおけるEMSであるBEMSについて述べている。BEMSの概要，機能とシステム構成，ビルのエネルギー管理，エネルギーシミュレーションツールの解説も含んだ省エネルギー基準とエネルギー性能表示，日本ビルエネルギー総合管理技術協会によるビルのエネルギー消費の実態を説明している。

　第7章では工場におけるEMSであるFEMSについて述べている。FEMSの仕組み予測技術や非線形制御などに基づくFEMS制御技術，南アルプス市の富士電機半導体工場と経済産業省「次世代エネルギー・社会システム実証」の北九州市のクリーニング工場のFEMSの実証事例について言及している。

　第8章では住宅におけるEMSであるHEMSについて述べている。HEMSの仕組み，機器のオン・オフと出力を最適化するHEMS制御技術，経済産業省「次世代エネルギー・社会システム実証」のHEMSの実証事例などについて解説している。

　第9章ではEMSに関わる標準化の動向について述べている。国際標準化の背景，通信プロトコル，制御などの視点からデマンドレスポンス，BEMS，FEMS，HEMS，スマートコミュニティインフラの標準化動向について述べている。

　末筆ながら，本書の出版に際し，本書の企画・編集にたいへんお世話になった大河出版の吉田幸治氏，相良均治氏，古川英明氏に厚く御礼申し上げます。

2016年4月

監修　森　啓之

編者

スマートグリッド編集委員会
　大賀　英治（富士電機）
　荻田　能弘（東芝）
　長田　雅史（ＡＢＢ）
　澤　　敏之（日立製作所）
　塚本　幸辰（三菱電機）

監修

　森　　啓之（明治大学）
　田村　　滋（明治大学）
　福山　良和（明治大学）

執筆者

まえがき　森　啓之（明治大学）

第1章
- 1.1　福山　良和（明治大学）
- 1.2　田村　　滋（明治大学）
- 1.3　福山　良和（明治大学）

第2章
- 2.1　田村　　滋（明治大学）
- 2.2　（同上）
- 2.3　福山　良和（明治大学）
- 2.4　（同上）

第3章
- 3.1　加藤　丈佳（名古屋大学）
- 3.2　飯坂　達也（富士電機）
- 3.3　松井　哲郎（富士電機）
- 3.4　武田　賢治（日立製作所）
- 3.5　緒方　隆雄（東京ガス）

第4章
- 4.1　山口　順之（東京理科大学）
- 4.2　荻田　能弘（東芝）
- 4.3　（同上）

第5章
- 5.1　小島　康弘（三菱電機）
　　　坂上　聡子（三菱電機）
- 5.2　（同上）
- 5.3　（同上）

第6章
- 6.1　小林　延久（日立製作所）
- 6.2　（同上）
- 6.3　（同上）
- 6.4　（同上）
- 6.5　（同上）
- 6.6　（同上）

第7章
- 7.1　白井　英登（富士電機）
- 7.2　（同上）
- 7.3　（同上）

第8章
- 8.1　荻本　和彦（東京大学）
　　　池上　貴志（東京農工大学）
- 8.2　（同上）
- 8.3　（同上）

第9章
- 9.1　山口　順之（東京理科大学）
- 9.2　豊田　武二（豊田SI技術士事務所）
- 9.3　石隈　　徹（アズビル）
- 9.4　正畑　康郎
　　　（エコーネットコンソーシアム）
- 9.5　齊藤　元伸（日立製作所）

おわりに　田村　　滋（明治大学）
　　　　　福山　良和（明治大学）

目次

まえがき

第1章 エネルギーネットワークとは

- 1.1 エネルギーネットワークモデル ……………………………………………… 2
- 1.2 需給バランスとは ……………………………………………………………… 3
- 1.3 これからの方向性 ……………………………………………………………… 5
- 参考文献 …………………………………………………………………………… 6

第2章 エネルギーマネジメントシステム

- 2.1 従来型の需給バランス制御 …………………………………………………… 10
  - (1) 需要予測(あるいは負荷予測) ……………………………………………… 10
  - (2) 発電機起動停止計画 ………………………………………………………… 11
  - (3) リアルタイムでの需給バランス制御 ……………………………………… 13
- 2.2 再生可能エネルギーの導入に基づく変化 …………………………………… 15
  - 2.2.1 再生可能エネルギーの導入による変化 ………………………………… 15
    - (1) 再生可能エネルギーの変動による周波数の問題 ……………………… 15
    - (2) 太陽光発電による余剰電力の問題 ……………………………………… 16
  - 2.2.2 東日本大震災以降の変化 ………………………………………………… 16
- 2.3 新しいエネルギーマネジメント ……………………………………………… 16
  - (1) デマントレスポンスの概要 ………………………………………………… 17
  - (2) 再生可能エネルギーの有効利用を考慮したEMSの求められる姿 …………………………………………………………………………… 18
- 2.4 EMSによる制御の概念 ………………………………………………………… 18
- 参考文献 …………………………………………………………………………… 20

第3章 共通要素技術

- 3.1 太陽光発電予測技術 …………………………………………………………… 22
  - 3.1.1 予測のニーズと手法の概要 ……………………………………………… 22
  - 3.1.2 数時間先~数日先の予測 ………………………………………………… 24
  - 3.1.3 数分先~数時間先の予測 ………………………………………………… 26
  - 3.1.4 信頼区間の予測 …………………………………………………………… 28
  - 3.1.5 予測値の評価方法 ………………………………………………………… 29
- 3.2 風力発電予測技術 ……………………………………………………………… 30
  - 3.2.1 はじめに …………………………………………………………………… 30
  - 3.2.2 広域の風速予測 …………………………………………………………… 31
  - 3.2.3 風車位置の風速予測 ……………………………………………………… 31

		(1) 広域の風速予測の補正方法 ……………………………………… 31
		(2) 予測値の信頼区間 ……………………………………………… 32
	3.2.4	風力発電量の換算 ……………………………………………………… 34

- 3.3 負荷予測技術 ………………………………………………………………… 35
  - 3.3.1 はじめに ……………………………………………………………… 35
  - 3.3.2 予測対象需要の概要 ………………………………………………… 36
    - (1) 家庭需要家 ……………………………………………………… 36
    - (2) ビル需要家 ……………………………………………………… 37
    - (3) 工場需要家 ……………………………………………………… 38
  - 3.3.3 需要の時系列的な推移傾向に基づく予測手法 …………………… 38
    - (1) 概要 ……………………………………………………………… 38
    - (2) 適用例 …………………………………………………………… 39
  - 3.3.4 相関関係に基づく予測手法 ………………………………………… 40
    - (1) 概要 ……………………………………………………………… 40
    - (2) 適用例 …………………………………………………………… 40
  - 3.3.5 過去の類似データに基づく予測手法 ……………………………… 41
    - (1) 概要 ……………………………………………………………… 41
    - (2) 適用例 …………………………………………………………… 41
- 3.4 電力貯蔵制御技術 …………………………………………………………… 43
  - 3.4.1 電力貯蔵システムの用途 …………………………………………… 43
    - (1) 負荷平準化 ……………………………………………………… 44
    - (2) 発電電力平準化 ………………………………………………… 46
    - (3) バックアップ，その他 ………………………………………… 46
  - 3.4.2 電力貯蔵デバイスの種類 …………………………………………… 47
    - (1) 蓄電池 …………………………………………………………… 47
    - (2) フライホイール ………………………………………………… 48
    - (3) その他 …………………………………………………………… 49
- 3.5 熱電併給制御技術 …………………………………………………………… 50
  - (1) 熱電併給システムの概要 ……………………………………… 50
  - (2) コージェネの制御 ……………………………………………… 51
  - (3) スマートエネルギーネットワークについて ………………… 53
  - (4) コージェネを用いたスマエネの事例（田町） ……………… 54
- 参考文献 …………………………………………………………………………… 55

第4章　デマンドレスポンス

- 4.1 電力需給とデマンドレスポンス ………………………………………… 60
  - (1) デマンドレスポンスの定義 …………………………………… 60
  - (2) 電力自由化におけるデマンドレスポンスの意義 …………… 63
- 4.2 デマンドレスポンスの実用性 …………………………………………… 65
- 4.3 デマンドレスポンスの事例 ……………………………………………… 66

（1）横浜スマートシティプロジェクト（YSCP） ······················· 67
　4.3.1　家庭部門 ··· 67
　　　（1）実証概要 ··· 68
　　　（2）実証結果 ··· 68
　　　（3）今後の展開 ··· 69
　4.3.2　ビル部門 ·· 69
　　　（1）実証概要 ··· 69
　　　（2）実証結果 ··· 70
　　　（3）今後の展開 ··· 70
参考文献 ··· 71

第5章　CEMS

5.1　CEMSの仕組み ··· 74
5.2　CEMS制御 ·· 76
　5.2.1　需要予測・再生可能エネルギー予測機能 ················· 76
　5.2.2　需給計画・需給制御機能 ······································ 77
　5.2.3　デマンドレスポンス技術 ······································ 79
　5.2.4　EMSのためのICT基盤技術 ·································· 81
5.3　CEMSの実証 ·· 82
　5.3.1　けいはんなPJの概要 ·· 82
　5.3.2　CEMSにおけるデマンドレスポンス実証 ················· 84
　5.3.3　CEMS機能の概要 ·· 85
　　　（1）CEMS全体の流れ ·· 85
　　　（2）デマンドレスポンスの活用 ································· 86
　5.3.4　CEMS実証結果 ·· 86
参考文献 ··· 88

第6章　BEMS

6.1　BEMSの概要 ·· 90
　6.1.1　BEMSの目的 ··· 90
　6.1.2　BEMSの定義 ··· 91
6.2　BEMSの機能とシステム構成 ······································ 93
　6.2.1　BEMSの機能 ··· 93
　6.2.2　BEMSのシステム構成 ·· 94
　6.2.3　BEMSの標準化 ·· 95
6.3　ビルのエネルギー管理 ··· 96
　6.3.1　エネルギー消費量の実績管理 ································ 96
　6.3.2　エネルギー消費量の把握方法 ································ 97
　　　（1）使用されるエネルギーの種類 ······························ 97
　　　（2）一次エネルギー消費量への換算 ··························· 97

 6.3.3　ビルの総エネルギー消費量の把握と省エネ制御………………97
  (1)　エネルギー種類別のエネルギー消費量………………………97
  (2)　消費先別エネルギー消費量……………………………………98
  (3)　エネルギー消費原単位の管理…………………………………99
  (4)　エネルギー消費延床面積原単位………………………………99
  (5)　エネルギー消費原単位管理ツールによるエネルギー消費量推定と管理………………………………………………………100
  (6)　時間当たりエネルギー消費量の把握…………………………100
  (7)　機器・システムのエネルギー消費量の把握…………………101
6.4　省エネルギー基準とエネルギー性能表示…………………………103
 6.4.1　省エネルギーの管理指標…………………………………………103
 6.4.2　省エネ法とは………………………………………………………105
 6.4.3　エネルギーシミュレーション……………………………………108
  (1)　エネルギーシミュレータ………………………………………108
  (2)　BESTの機能と特徴……………………………………………109
  (3)　BESTによるビルのモデル化とシミュレーションアルゴリズム………………………………………………………………110
 6.4.4　建築環境総合性能評価システム(CASBEE)……………………112
  (1)　二つの評価分野…………………………………………………113
  (2)　CASBEEで評価対象として選んだ4つの主要分野とその再構成………………………………………………………………114
  (3)　環境性能効率(BEE)を利用した環境ラベリング……………114
6.5　ビルのエネルギー消費の実態………………………………………115
 6.5.1　ビルのエネルギー消費量調査……………………………………115
 6.5.2　エネルギー消費量の算定…………………………………………116
参考文献……………………………………………………………………………120

第7章　FEMS

7.1　FEMSの仕組み…………………………………………………………124
 7.1.1　はじめに……………………………………………………………124
 7.1.2　FEMSの仕組み……………………………………………………125
  (1)　見える化…………………………………………………………127
  (2)　分かる化…………………………………………………………127
  (3)　最適化……………………………………………………………128
7.2　FEMS制御技術…………………………………………………………129
 7.2.1　はじめに……………………………………………………………129
 7.2.2　予測技術……………………………………………………………130
 7.2.3　非線形最適化技術…………………………………………………131
 7.2.4　多変数モデル予測制御……………………………………………133
7.3　FEMS実証………………………………………………………………134

7.3.1　富士電機(株)　山梨製作所 FEMS 導入の事例……………134
7.3.2　北九州市における次世代 FEMS 実証の事例……………136
(1)　次世代 FEMS の概要……………136
(2)　機能内容……………138
参考文献……………139

第8章　HEMS

8.1　HEMS の仕組み……………142
8.1.1　住宅内のマネジメント……………142
8.1.2　住宅の外のエネルギーマネジメント……………144
8.1.3　エネルギーを超えて……………146
8.2　HEMS 制御(最適化の定式化)……………147
8.2.1　需要の能動化による電力システムへの貢献……………147
8.2.2　HEMS 利用者における系統貢献の価値……………148
8.2.3　最適計画問題の概要……………149
8.2.4　機器の最適運転計画問題の定式化……………151
8.2.5　様々な最適化手法……………156
8.3　HEMS の実証……………156
(1)　歴史……………156
(2)　次世代エネルギー・社会システム実証事業……………158
(3)　海外における HEMS の実証……………160
(4)　新たな動き……………161
参考文献……………161

第9章　EMS に関わる標準化の動向

9.1　デマンドレスポンス・OpenADR の標準化動向……………164
(1)　OpenADR の生い立ち……………164
(2)　OpenADR 2.0 の概要……………166
(3)　経済産業省のデマンドレスポンスインターファイス仕様書の概要……………168
9.2　BEMS の標準化動向……………170
(1)　ASHRAE SSPC 135 BACnet……………170
(2)　ISO / TC 205 と BACS……………171
9.3　FEMS の標準化動向……………173
(1)　工場とスマートグリッド間のシステム・インタフェース標準開発……………173
(2)　ユースケース分析……………175
(3)　SG と FEMS 間の要求仕様……………176
(4)　既存の標準との関連と今後……………177
9.4　HEMS の標準化動向……………177

(1)　ECHONET Lite ……………………………………………… 177
　　　(2)　ECHONET Lite による家電機器制御 ……………………… 179
　　　(3)　ECHONET Lite の国際標準化対応 ………………………… 180
　9.5　スマートコミュニティインフラの標準化動向 ……………………… 182
　　　(1)　国際標準化の背景・経緯 …………………………………… 182
　　　(2)　ISO／TR 37150 の概要 …………………………………… 184
　　　(3)　ISO／TS 37151 の概要 …………………………………… 184
　　　(4)　今後の標準化の動向 ………………………………………… 185
参考文献 ……………………………………………………………………… 186
おわりに ……………………………………………………………………… 189

索引 …………………………………………………………………………… 193
製品ガイド …………………………………………………………………… 199

＜ JCOPY 　出版者著作権管理機構　委託出版物＞
・本書の複製権・上映権・公衆送信権（逆信可能化権を含む）は株式会社大河出版が保有します。
・本書の無断複製は著作権法上での例外を除き禁じられています。複製される場合は，そのつど事前に，出版者著作権管理機構（電話03-3513-6969，FAX 03-3513-6979，e-mail: info@jcopy.or.jp）の許諾を得てください。

第 1 章

エネルギーネットワークとは

第1章 エネルギーネットワークとは

1.1 エネルギーネットワークモデル

　スマートコミュニティでは，電気・ガス・熱・蒸気，圧縮空気，水など，様々なエネルギーを扱う。これらのエネルギーは電気回路網，各気体・液体の管路網による配管等のネットワークにより供給側から需要側に送られる。エネルギーマネジメントを行う場合，需要に合わせて各設備の制御設定値をオンラインで変更することになる。この際，エネルギーの干渉などを考慮した場合，特に熱の大きな時定数を考慮すると，過渡的な振る舞いは除外し，定常計算によりエネルギーフロー計算を行いエネルギーバランスのみを考慮することが基本となる。スマートコミュニティ全体の定常計算に対しては，大きなエネルギーフローのみを扱う観点からは，以下のような比較的簡略的なモデルが利用される。

①エネルギー流量のみの計算
　　エネルギーネットワークにおける分岐・合流によるエネルギーフローの加減算のみ扱う
②エネルギー流量および圧力等の計算
　　電圧・電流の回路計算[1]や潮流計算[2]，あるいは気体及び液体を対象とした管網解析[3][4]により流量だけでなく圧力も計算する。

　スマートコミュニティ全体のエネルギーのやり取りをモデル化する場合には，①が主に用いられるが，例えば1つの工場内のエネルギーの流れを考慮する際に，電圧降下や末端空気圧などを特に考慮する場合などは，②の少し詳細な計算が用いられる。事故時等には過渡的な現象も扱う必要性があるが，定常時のエネルギーマネジメントシステム(Energy Management System, 以下，EMS)の運用においては，安定した状態のみを対象とするため，上記のような比較的簡略的なモデルのみが対象となる。

　5章以下の各EMSの章で，このような定常時の運用を中心とした詳細について述べるが，各EMSで最適制御をかける際には，対象となる様々なエネルギーネットワークのモデル化を行い，モデルを用いたシミュレーションにより，最適な設定値や制御パラメータの決定を行う必要がある。従って，モデル

を用いて答えを出した最適設定値を現実のシステムに適用した場合，ほぼ同様の結果が得られるモデルの精度が必要となる。例えば，電気エネルギーを例に考えると，ネットワークの各種パラメータ（線種・亘長）が正確に把握できているか，電流・電圧の計測誤差はどの程度なのか等も考慮する必要がある。例えば，文献(5)では，実際の電力系統に対して，潮流計算を行った結果と実測値の比較を行っている。この結果，電圧の大きさで最大2％程度の差で計算できることを確認している。このように，EMSを適用する場合，利用するエネルギーネットワークモデルの精度を確認する必要がある。

1.2 需給バランスとは

1.1節では様々なエネルギーネットワークのモデルについて述べたが，エネルギーは全て需給バランスをとる必要がある。本節では，エネルギーの需給バランスを最も正確にとる必要がある電力エネルギーネットワークを例にとり説明する。

図1.2.1に電力エネルギーネットワークの基本的構成モデルを示す。電力

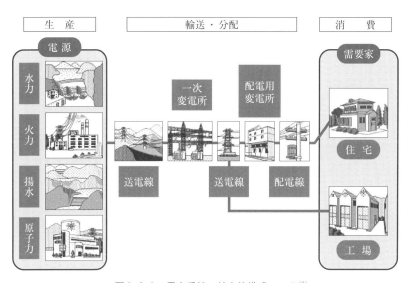

図1.2.1　電力系統の基本的構成モデル[6]

第1章　エネルギーネットワークとは

エネルギーネットワークは，電力エネルギーを様々な電源により生産(供給)し，送電線・変電所・配電線などにより輸送・分配し，需要家により消費(需要)するモデルである。

電力エネルギーを大量に貯蔵することは難しいため，瞬時瞬時の需要量と供給量を一致させなければならない。それを示したものが図1.2.2である。

需要と供給のバランスをとることが需給バランスであり，需給バランスの状況は次式により周波数の変化として現れる。

$$\Delta f = \frac{1}{K} * (\Delta G - \Delta L) \tag{1.1.1}$$

Δf：基準周波数(50 Hz あるいは 60 Hz)からの偏差
K　：系統定数(電力エネルギーネットワークの特性に依存する)
ΔG：需給バランスしている状態からの供給量の偏差
Δf：需給バランスしている状態からの需要量の偏差

周波数変動は発電機や需要家機器に影響することから，周波数の偏差 Δf はある値以内に収める必要があり，そのために需給バランスを制御する必要がある。これが需給バランス制御であり，従来基本的には電力会社毎に供給側を調整する，すなわち，水力や火力発電機などの出力を調整することにより実施してきた。

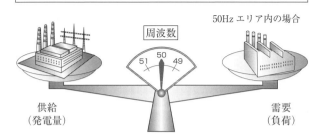

図1.2.2　需給バランスの概念図

1.3 これからの方向性

1970年代のオイルショックを契機に，日本の省エネルギーは飛躍的な技術発展を見せ，日本の省エネは，現在では世界一と言われている。この結果，GDP単位当たりの一次エネルギー供給は世界でも有数の少なさとなっている（図1.3.1参照）。

つまり，少ないエネルギーで付加価値のある製品を作り上げることができる国となっている。しかし，エネルギーの供給と需要という観点からは，現在の日本では，エネルギーはスイッチをひねれば出てくるものという世の中の認識があり，省エネをした上で必要となっている需要に対しては，供給側は必ず供給することがエネルギー会社に課された使命であり，この使命をエネルギー供給会社は果たしてきた。つまり，1.2節で説明したような需給バランスを取ることはエネルギー供給会社の使命であり，需給バランスを取れないということはありえなかった。

しかし，東日本大震災後の，特に首都圏で経験した計画停電とそれ以後の原子力発電所の再起動問題に端を発している供給不足問題は，長期的な問題となる様相を呈している。2015年5月に電力系統利用協議会が発表した平成26年

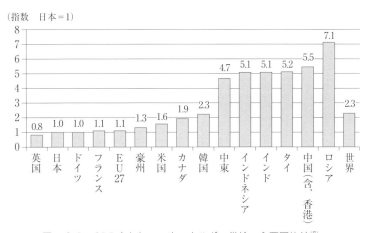

図1.3.1　GDP当たりの一次エネルギー供給の主要国比較[7]

表1.3.1　電力各社の供給予備率(26年8月)の算定結果(単位[%])[8]

北海道	東北	東京	中部	北陸	関西	中国	四国	九州	沖縄
9.2	7.5	5.5	3.5	4.1	3.0	4.1	4.3	3.0	39.2

度供給信頼度評価報告書[8]によると各社の供給予備力は表1.3.1のようになっている。沖縄電力を除き，震災前は，ほぼ全社10%以上の予備力が確保されていたことと比較すると，大幅に減少していることがわかる。

特に電気は，貯めることが難しいエネルギーであり，現状では，時々刻々変化する需要に合わせてエネルギーを供給する必要があり，このため，需要予測が重要となる。この需要予測はある一定の予測誤差があるため，上記の供給予備力はぎりぎりの運用を迫られていることを意味しており，以下のようなことが求められている。

①供給と需要の協調

消費に合わせて供給し，まず消費ありきということではなく，予備力が減り供給量が不足傾向にある場合は消費を減らし，供給側の予備力に余裕があれば消費するという供給と需要の協調が必要となる(デマンドレスポンス)。

②再生可能エネルギーの有効利用

国の固定価格買取制度に基づき電力会社が固定価格での買取を行うことにより，普及が進んでいる再生可能エネルギーを積極的に活用するために，出力を正確に予測し，適切な蓄電池量で効率運用する。

この①②を実現する技術がこれから求められるエネルギーマネジメントシステム(Energy Management System: EMS)となる。

＜参考文献＞

(1) 例えば，雨谷，「電気・電子回路解析プログラム EMTP 入門」，電気学会(2000)
(2) 例えば，新田目，「電力系統技術計算の基礎」，電気書院(1989)
(3) 例えば，小根山，「空気圧システムの省エネルギー」，財団法人省エネルギーセンター(2003)
(4) 例えば，高桑，「配水管網の解析と設計」，森北出版(1978)
(5) 電気協同研究「電力系統の解析技術」，Vol. 63, No. 3 p.107(2007)

(6) 野田権祐，「電力系統の制御」，電気書院，p.1(1986)
(7) 経済産業省「エネルギー白書2013」(第2部エネルギー動向，第1章国内エネルギー動向，第1節エネルギー需給の概要)
http://www.enecho.meti.go.jp/about/whitepaper/2013 html/2-1-1. html
(8) 電力系統利用協議会，「供給信頼度評価報告書」，(2013)

第 2 章

エネルギーマネジメントシステム

第2章　エネルギーマネジメントシステム

ここでは，エネルギーの需給バランスを最も正確にとる必要がある電力エネルギーネットワークを例にとり説明する。

2.1　従来型の需給バランス制御

従来の供給側を調整する需給バランス制御は主に，①需要予測，②発電機起動停止計画，③リアルタイムでの需給バランス制御，の3つのステップより行われてきた。一般的なEMSでは，これらの機能を有している。

(1)　需要予測(あるいは負荷予測)

供給側の計画をたてたり制御するためには，まず需要を予測することが必要である。日本においては，電力会社管内の全体の需要(総需要)は季節や時間により特徴的な負荷カーブを示すとともに，特に夏場の総需要は気温の影響を大きく受け，冷房需要に影響される特徴がある。図2.1.1に最大電力発生日(1年間で最大総需要が発生した日)の24時間の負荷カーブを示す。

需要予測においてとりわけ重要なことは最大総需要の予測であり，電力エネルギーを安定に供給するためには，最大総需要を満たす供給側すなわち発電を

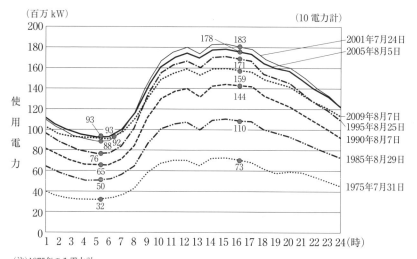

図2.1.1　最大電力発生日における1日の電気の使われ方の推移[1]

準備する必要がある．長期的な需要予測結果は電源の開発計画に用いられ，翌週・翌日などの需要予測結果は(2)で述べる週間・翌日の発電機起動停止計画に用いられる．

需要予測は，過去の総需要実績のデータ，その時の気温などの影響要因，予測対象期間の影響要因の予測結果をもとに行われる．需要予測の予測技術については3.3節で述べる．

(2) 発電機起動停止計画

需要予測結果に基づき，需要に見合う供給とするために，各々の発電機を起動させるか停止するかの計画を作成するのが発電機起動停止計画である．経済性と発電機の特性・制約などを考慮して計画が立てられるとともに，需要予測誤差も加味される．

翌日の発電機起動停止計画では，翌日の需要予測結果(負荷カーブ)をもとに，発電機をベース供給力・ミドル供給力・ピーク供給力の3種類に以下のように分け，図2.1.2に示すように，それらの積み上げで負荷カーブと見合う供給を構成する[2]．

- ベース供給力：運転費が安価で連続運転が可能なことが要求され，流込式水力，原子力，石炭火力などの大容量高効率火力などがこれに相当する．
- ミドル供給力：ベース供給力とピーク供給力の中間的な分担を担う供給力で，毎日起動停止が可能あるいはこれに準ずる運用が可能なもので，石油火力・LNG火力などが相当する．
- ピーク供給力：運転費が多少高くても負荷カーブの変化への追従性が良く，頻繁な起動停止が可能なもので，揚水式水力，貯水池式・調整池式水力，小容量火力が相当する．

ベース供給力の計画は容易に決定できるので，発電機起動停止計画においては，まずベース供給力の計画を作成し，その後にミドル供給力，ピーク供給力に相当する発電機の起動時刻，停止時刻の計画を作成する．

週間の発電機起動停止計画では，翌日の発電機起動停止計画ほど詳細ではないが，週間の毎日の最大総需要や最小総需要などを考慮し，毎日の発電機の起動・停止の計画が立てられる．週間単位で考慮すべき内容として，揚水式発電

第2章　エネルギーマネジメントシステム

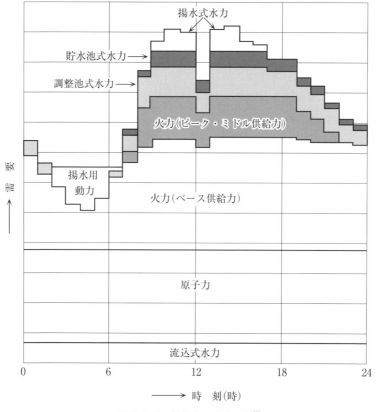

図2.1.2　供給力の構成の例[(2)]

機の上池・下池の運用などがある．また，月間の発電機起動停止計画では，LNG船の入船に伴うLNG燃料タンクの運用などの燃料制約などが考慮される．

　年間あるいは数年間の需要予測結果より，年間の発電機起動停止計画も立てられる．この計画の中では，発電機などの定期点検の作業時期や，年間を通じて運用する貯水池式水力の運用などが考慮される．

　以上の発電機起動停止計画は，年間→月間→週間→翌日と詳細に洗練されたものになっていく．当日において，翌日の需要予測結果と当日の需要の違いから，翌日の発電機起動停止計画を当日に補正する場合もある．

2.1 従来型の需給バランス制御

発電機起動停止は，経済性の観点から火力発電機に対する以下のような最適化問題となる。

最小化すべき目的関数：発電機の運転費（燃料費と起動費）

制約条件：総需要と見合うトータル発電量，発電機の制約（起動後の最低運転時間，停止後の最小停止時間，燃料消費制約など）

この問題に対する解法は様々な手法が研究提案されているとともに，いくつかの手法が実際の運用に使用されている[3]。

(3) リアルタイムでの需給バランス制御

図2.1.1に示した1日の負荷カーブの朝の15分間を切り出したものが図2.1.3である。負荷は時々刻々変化していることが判る。

負荷の変動特性については過去の実績データより定量的に分析されており[4]，これをもとに，リアルタイムでは図2.1.4に示すように，制御分担により制御されている。

- 負荷特性（自己制御）：きわめて短周期の負荷変動は負荷の自己制御によって吸収される。
- ガバナーフリー（GF）：発電機の設定方法により，発電機の調速機による自動制御が負荷変動を調整する。

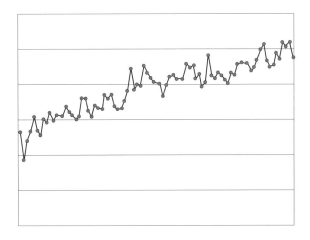

図2.1.3　朝の15分間の需要変化の例

第2章　エネルギーマネジメントシステム

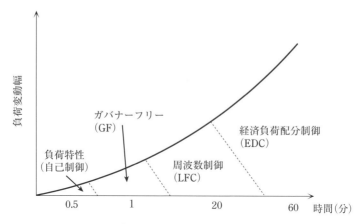

図2.1.4　リアルタイムでの需給バランス制御の制御分担概念図

- 周波数制御（LFC）：(1.1)式において，Δfを検出し，ΔGを変化させることにより，負荷変動に対し周波数を目標の基準周波数になるように制御する[*]。この制御信号はEMSのコントロールセンターより対象の発電機に送信される。制御周期は電力会社により異なり，数秒から20秒である[4]。
- 経済負荷配分（EDC）：負荷変動の10数分以上の周期成分は予測が可能であること，および負荷変動が大きいことより，ΔGを経済的に各発電機に配分する。経済負荷配分の問題は，送電線の電気ロスを考慮しなければ，次式で定式化できる。

$$\text{Minimize } f = \sum_{i=1}^{g} cost_i(Pi) \tag{2.1.1}$$

$$\sum_{i=1}^{g} Pi = L$$

　　g：EDC対象の発電機数

　　Pi：発電機 i の出力，$cost_i(Pi)$：出力がPi時の発電機 i の燃料コスト

　　L：EDC対象の発電機が賄うべき総需要

$cost_i(Pi)$は一般的にはPiの2次関数として表され，(2.1.1)式の解は等λ法や二次計画法などにより求められ[3]，その解が出力信号として，EMSのコントロールセンターから3分から5分周期で対象の発電機に送信される[4]。

---

[*] EMSによりLFCの目標とするものが異なる場合がある。

2.2 再生可能エネルギーの導入に基づく変化

2.1で述べた従来の需給バランス制御は，再生可能エネルギーの導入等により変わってきている。その変化を以下に述べる。

2.2.1 再生可能エネルギーの導入による変化

再生可能エネルギーが大量に導入されると，需給バランスの観点から以下の大きな2つの問題が生じる。

(1) 再生可能エネルギーの変動による周波数の問題

再生可能エネルギーのなかで，風力，太陽光発電は風速や天候などにより発電量が変化する。これを(1.1.1)式を用いて表すと以下となる。

$$\Delta f = \frac{1}{K} * (\Delta G - (\Delta L + \Delta L_R)) \tag{2.2.1}$$

ΔL_R：再生可能エネルギーによる発電量の変動

(2.2.1)式は(1.1.1)式と比較すると，負荷変動に ΔL_R が加わり，周波数変動が大きくなることを意味する。また，(2.2.1)式は，Δf をゼロに近づけるためには今まで以上の ΔG を必要とすることから，発電機のより大きな調整能力を必要とすることを意味する。発電機に大きな調整能力を持たせる代わりに，ΔL を小さくする(需要側を制御し負荷変動を小さくする)，ΔL_R を小さくする(風力，太陽光発電に蓄電池を併設して発電量の変動を小さくするなど)，ΔL_R を予測して ΔL_R が大きくなる時のみ ΔG を大きくしておくなどがある。これらを実現するための技術・システムを3章以降で述べる。

(2) 太陽光発電による余剰電力の問題

需要の少ない正月・お盆休みや連休の昼間に太陽光が発電すると，需給バランスの観点から需要よりも発電量が過多となり，電力エネルギーが余剰となる，余剰電力の問題が生じる。これを図2.2.1に示す。

この対策として，電力貯蔵設備による余剰電力の貯蔵の検討や，太陽光発電の出力制限のルール化などがおこなわれている。

第2章　エネルギーマネジメントシステム

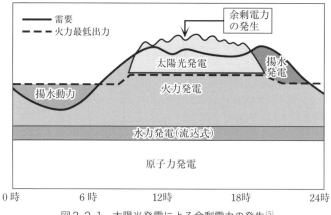

図2.2.1　太陽光発電による余剰電力の発生[5]

2.2.2　東日本大震災以降の変化

電力エネルギーは，需要地から遠距離にあり，大きな電力を発電する集中型電源より主に供給されてきた。しかし，2011年3月11日に発生した東日本大震災において計画停電を余儀なくさせられ生活に大きな影響を与えたことから，災害に強いまちづくりが謳われ，集中型電源に依存せずコミュニティ内での電力エネルギーの地産地消を目指したスマートコミュニティが推進されている。スマートコミュニティは地域内に再生可能エネルギー，蓄電池などを配置し，コントロールセンターよりコミュニティの需給バランスをとるものである。スマートコミュニティを実現するための要素技術を3章以降で述べる。

2.3　新しいエネルギーマネジメント

1.3節に述べたように，これからのエネルギーマネジメントシステムに求められる機能は以下の2つである。

①需要と供給の協調機能

消費に合わせて供給し，まず消費ありきということではなく，予備力が減り供給量が不足傾向にある場合は消費を減らし，供給側の予備力に余裕があれば消費するという供給と需要の協調が必要となる（デマンドレスポンス）。

②再生可能エネルギーの有効利用機能

国の固定価格買取制度に基づき電力会社が固定価格での買取を行うことにより，普及が進んでいる再生可能エネルギーを積極的に活用するために，出力を正確に予測し，適切な蓄電池量で効率運用する。

ここでは，この2つの機能について，具体的にどのような機能が求められるかについて概略を述べる。

(1) デマンドレスポンスの概要

上記①を実現する技術はデマンドレスポンス(Demand Response，以下DR)と呼ばれる。需要が供給と協調するために，デマンド(需要)がレスポンス(反応)するということであるが，様々な方法が検討されている。以下に電気料金ベースの代表的な種類をあげる[6]。

①時間帯別料金(TOU: Time of Use)

時間帯別に固定の料金を事前に設定する。需要は，例えば，料金が高い時間帯には利用を避けるなどの反応が可能となる。

②ピーク別料金(CPP: Critical Peak Pricing)

オフピーク時は固定の料金とするが，ピーク時間帯だけ需給の逼迫度合により料金を変動させる。需要家は，当日のピーク時の料金により，あまり高い時は外出して電気使用を極力少なくするなどの反応が可能となる。

③リアルタイム料金

1日または1時間先を基本に卸電力価格の変化を反映させ，時々刻々と電気料金を変化させていく。需要家は，時々刻々と変化する電気料金を見ながら，どのような使い方をするか反応する。

このような電気料金ベースの方法の他にインセンティブベースの方法も検討されており，詳細は，4章で説明する。

また，DRについては変化する電気料金を需要家に知らせるための通信の必要性があり，これに関する国際標準化が進んでいる。例えば，自動的なDRの規格策定および普及促進のためにOpenADRアライアンスが作られており，日本の多くの企業も参加している。このOpenADRの規格に関しては，9.1節で詳細に説明する。

第2章　エネルギーマネジメントシステム

(2)　再生可能エネルギーの有効利用を考慮した EMS の求められる姿

　工場やビルには，1.1節で述べたように様々なエネルギーが供給されており，このための各種ユーティリティ設備が設置されている。これらのユーティリティ設備は，従来，それぞれ DCS 等により個別制御が行われてきた。ユーティリティ設備の運転員は，電力負荷に対して電力会社から購入した方が良いのか，自家発で発電した方が良いのか，また，蒸気負荷に対してはボイラを使った方が良いのか，スチームタービンから抽気した方が良いのか，しかし，抽気すると発電量は減るが蒸気負荷に対する供給量は増えるなど，様々な選択肢を考えながら省エネ運転を心掛けてきた。つまり，様々なエネルギーは独立しているのではなく関連しており，この関連を考慮しながら複雑な選択肢の中で適切な判断が求められてきた。このような判断を総合的かつ自動的に行う制御が検討されている[7]。この制御は，DCS の設定値を各種数理的な最適化手法により計算し DCS に送るような形式となっており，JEITA（電子情報技術産業協会）により「連携制御」としてまとめられている[8]。

　これに加え，各種再生可能エネルギーと，その有効利用を可能とする蓄電池，および上記の DR の考慮が必要となってきており，2.1節で述べた需給バランス制御をベースに連携制御・再生可能エネルギー・蓄電池・DR を統合したシステムがこれから求められる EMS の姿である。

2.4　EMS による制御の概念

　2.3節に述べたこれから求められる EMS では，地域および施設毎にシステム化し，これらの EMS が協調しながら，地域でエネルギーを地産地消するシステムが考えられている。このような EMS には，工場を対象とした FEMS (Factory EMS)，ビルを対象とした BEMS (Building EMS)，家庭を対象とした HEMS (Home EMS)，そして地域全体を対象とした CEMS (Community EMS) がある。FEMS，BEMS，HEMS は，それぞれの設備における再生可能エネルギー・蓄電池などを含む様々なユーティリティ設備を利用した省エネ制御の中で，CEMS からの DR 要請を考慮したエネルギーマネジメントを実行する。

2.4 EMSによる制御の概念

CEMSはエネルギーの地産地消を実現できるように，地域全体の需給バランスを取るための制御を行っており，地域内で電力が余った場合は，CEMSが制御する発電量を削減するとともに，蓄電池に電力を蓄え，地域内で電力が足りない場合には，CEMSの発電量を増やすとともに，蓄電池から電力を放出し，必要に応じて各EMSにDR要請を行う。CEMS，BEMS，FEMS，HEMSの詳細な説明は，5～8章に記載されている。このような各種EMSの関係および対応する事業者を図2.4.1に示す。

CEMSは完全な地産地消を目指すのではなく，バックアップも含め，発電事業者や電気事業者から電力を購入することも必要となる。また，現在，CEMSをどのような事業者が運営するのかは様々なところで検討されているが，例えば，電力会社の発送電分離が実行された場合には，配電・小売会社がCEMSを事業として行うことも考えられる。また，中小ビルを対象に経産省が進めているBEMSアグリゲータ[9]のように，CEMSとBEMSの間に入って複数のBEMSを文字通り束ね(アグリゲートし)，電力会社からのDR要求を各BEMSに配分するなどの業者が現れることも考えられる。このように，システム的にも事業的にも，電力システム改革の今後の進展を踏まえ流動的となっている。しかし，図2.4.1の左図に示したシステム構成は，基本的な構成と考えられ，ここでは，この図に基づいたシステムを基本と考える。経産省

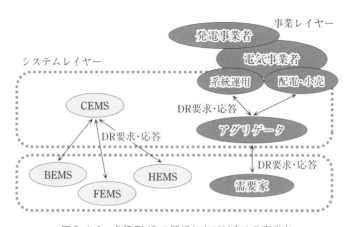

図2.4.1　各種EMSの関係および対応する事業者

が進めるスマートコミュニティの国内4実証では各 EMS に対する様々な制御方式が検証されている。例えば，北九州では，DR の1つである CPP の実験が行われているが，ピーク時の様々な料金に対して約9〜13％のピーク電力の削減が確認できている[10]。

＜参考文献＞

(1) 電気事業連合会，「最大電力発生日における1日の電気の使われ方の推移」，http://www.fepc.or.jp/enterprise/jigyou/japan/index.html
(2) 田村康男，「電力システムの計画と運用」，オーム社，p.131-132，(1991)
(3) 電気学会技術報告第931号，「給電自動化システムの機能」，電気学会，(2003)
(4) 電気学会技術報告第869号，「電力系統における常時及び緊急時の負荷周波数制御」，電気学会，(2002)
(5) 「低炭素社会実現のための次世代送配電ネットワークの構築に向けて」，経済産業省次世代送配電ネットワーク研究会，p.11，(2010)
(6) 経産省:「デマンドレスポンスについて」総合資源エネルギー調査会総合部会電力システム改革専門委員会第2回配布資料参考資料1-1　http://www.meti.go.jp/committee/sougouenergy/sougou/denryoku_system_kaikaku/002_haifu.html (2012)
(7) 例えば，福山ほか，"原動力設備プラントの最適運用と適用事例"，富士時報，Vol.77, No.2, (2004)
(8) JEITA 制御・エネルギー管理専門委員会:「連携制御ガイドブック」(2012)
(9) 環境共創イニシアチブ:「平成23年度「エネルギー管理システム導入促進事業費補助金(BEMS)」に係る BEMS アグリゲータの募集について」http://sii.or.jp/bems/aggregator.html (2012)
(10) 依田ほか，"北九州市における変動型 CPP 社会実証—2012年度夏期評価結果—"(2012)

第３章

共通要素技術

第3章　共通要素技術

3.1　太陽光発電予測技術

3.1.1　予測のニーズと手法の概要

　太陽光発電は，地域的な偏在要因が小さく，世界各国において導入が拡大し，その累積導入量は140 GWに達している。日本でも固定価格買取制度によって導入量が急増し，将来の設置が認められた認定容量は2014年末時点で70 GWに達した。一方，太陽光発電の出力は，太陽高度の変化に起因する一日の変動に加えて，上空の雲の移動によって短時間に大きく変動する。多数の太陽光発電が広域に分散導入されれば，各地域の気象条件の違いによって個々の出力の短周期変動は相殺され，合計出力の短周期変動は相対的に緩和される「ならし効果」が期待される。このため，例えば，電力10社による「分散型新エネルギー大量導入促進系統安定対策事業(2009～2011年度)」では，日本全体で2800万kWの太陽光発電が戸建住宅を中心に導入された状況を仮定して出力変動の大きさを試算し，「短周期変動の変動幅は，電力需要が低く変動の影響が大きくなる4～5月の日最大電力と比べて最大で1～2％程度」と指摘している[1]。これに対し，前線の通過時など気象が大きく変化する場合には，図3.1.1に示すように，数時間で数10％も変化する「ランプ変動」が発生する。このような変動は，電力システムの周波数や電圧の制御に対して大きな影響を及ぼす可能性がある。

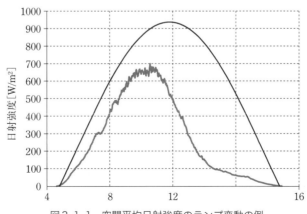

図3.1.1　空間平均日射強度のランプ変動の例

3.1 太陽光発電予測技術

　その対策として，火力・揚水発電機のフレキシビリティの向上，電力需要の能動化，エネルギー貯蔵技術の導入拡大などが考えられる。これらを有効活用するためには，数分先～数日先までの様々な時間レンジにおいて，太陽光発電に関する高精度・高信頼度の出力予測が不可欠である。例えば，翌日の火力発電機の適切な起動台数を決定するためには，その起動に数時間を要することを考慮し，昼ごろまでに得られる情報に基づき翌日の太陽光発電出力を高精度に予測する必要がある。また，数分周期で決定される発電機の経済負荷配分制御や，上述のランプ変動に対する調整力を確保するためには，数分～数時間先の予測が必要である。しかも，出力予測には，多かれ少なかれ誤差が発生することから，予測誤差が発生する範囲を確率分布で表す予測の信頼区間も予測できることが望ましい。

　電力システム以外にも，太陽光発電に加えて蓄電池やヒートポンプ給湯機を備えたスマートハウスや，災害時の電力供給を考慮したマイクログリッドなどの個々の需要家・システムにおいても予測のニーズはある。ただし，蓄電池の運転計画を策定するためであれば，一日の発電量に関する予測で十分な場合もある。

　太陽光発電の出力予測では，図3.1.2に示すように，太陽光発電の出力を

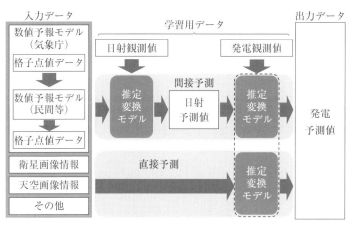

図3.1.2　日射／発電予測の構成要素
（文献(2)の図を一部修正して使用）

第3章　共通要素技術

決定する主要因である日射強度を予測し，次に設備情報や発電実績を考慮して出力を予測する手法（間接予測）と，発電出力を直接予測する手法とがある[2]。予測のニーズ（必要とされる時間レンジ，空間解像度など）に応じて，様々な入力データ，手法が使い分けられる。

3.1.2　数時間先～数日先の予測

　数時間先から数日先の予測には，数値予報モデルによる各種気象要素の予測値を入力データとすることが有効とされている。数値予報モデルとは，大気を3次元の格子網で覆い，気象学における各種物理法則（流体力学，熱力学など）に基づき，スーパーコンピュータを用いて格子点上での物理量の時間変化を解く数値モデルであり，現在の天気予報の基本となるツールである。

　世界各国において様々な数値予報モデルが利用されており，日本では気象庁により，水平解像度約20kmの全球モデル（Global Spectral Model，以下GSM），同5kmのメソモデル（Meso‑Scale Model，以下MSM），同2kmの局地モデル（Local Forecast Model，以下LFM）の各種の数値予報モデルが運用されている。表3.1.1に各モデルの概要を示す[3]。GSMは基幹となるモデルであり，地球全体の大気の状態を予測する。MSMやLFMは日本周辺の領域を対象とし，GSMよりも水平解像度が高い（格子点間隔が短い）ので空間的に小さな現象を再現できる。しかし，計算時間が増大するため，GSMでは84時間先まで予測されるのに対し，MSMは39時間先まで，LFMでは9時間先までの予測となる。

　数値予報モデルの計算結果を一般に利用しやすいように変換されたものは格

表3.1.1　気象庁の数値予報モデルの概要

	全球モデル GSM	メソモデル MSM	局地モデル LFM
水平解像度	約20km	5km	2km
初期時刻 （UTC）	00，06，12，18 （1日4回）	00，03，06，09，12，15，18，21 （1日8回）	毎正時 （1日24回）
予報時間／ 時間間隔	12 UTC 264 h/24 h間隔 その他　84 h/6 h間隔	地上39 h/1 h間隔 気圧面39 h/3 h間隔	地上9 h/0.5 h 気圧面9 h/1 h間隔
配信時刻	初期値＋4時間	初期値＋2.5時間	初期値＋1.5時間

24

子点値(Grid Point Value，以下 GPV)データと呼ばれ，気象業務支援センターを通じて配信されている。また，過去の GPV データのアーカイブについては，東京大学等の Web サイトから入手可能である。GPV には，海面・地上面の気圧，北風・西風の速度，気温，相対湿度，積算降水量，雲量(全雲量，上層，中層，下層)が含まれる。ただし，太陽光発電出力の主な要因である日射強度(地表面への短波放射量)については，数値予報モデル内部で計算されているものの，配信される GPV データには含まれていない。

そこで，図3.1.2に示すように，多くの日射予測手法では，別途観測された日射データを用いて統計モデルや機械学習モデルを構築し，雲量などの GPV データを入力として日射を推定する。統計モデルや機械学習モデルでは雲量等の GPV データから日射強度への変換が行われており，予測が行われているわけではない。ただし，変換の方法によって推定される日射予測強度に差が生じるため，数値予報モデルを含めた日射予測手法全体としての予測精度に特徴が表れる。

機械学習モデルとして，古くはニューラルネットワークを用いる手法[4]が提案されたが，最近ではメタヒューリスティックな JIT (Just-in-Time) モデリングを利用した手法[5]や Support Vector Machines (SVM) を用いた手法などが提案されている[6]。また，米国大気研究センター(NCAR)等で開発されている WRF (Weather Research and Forecasting Model) 等の領域気象予測モデルの初期値として GSM の予測結果を入力して日射を推定し，さらにその結果を統計モデルや機械学習モデルに入力して日射を推定する場合もある[7]。なお，文献(8)では，これら様々な日射予測手法や日射変動特性について概説されている。

日射予測の例として，数100 km 四方領域における空間平均日射強度について，様々な手法による前日予測の結果を図3.1.3に示す[9]。翌日の日射予測には，39時間先までの数値予報モデルである MSM が用いられる場合が多い。同図における手法の多くも気象予測値として MSM や GSM の GPV データが用いられているが，機械学習の方法の違いによって予測値が異なる。ただし，いずれの手法も，基本的な予測精度は GPV データの予測精度に依存するため，MSM や GSM が大外れする場合には，機械学習の方法によらず，予測誤差は

第3章　共通要素技術

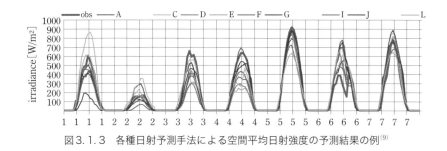

図3.1.3　各種日射予測手法による空間平均日射強度の予測結果の例[9]

大きくなる可能性が高い。その意味では，基本となる数値予報モデルに関して，気象庁のMSMだけでなく，WRFなどの別のモデルの結果も組み合わせることで，大外れを回避できる可能性もある。

3.1.3　数分先〜数時間先の予測

数分先〜数時間先までの予測には，数値予報モデルの予測値に加え，気象衛星から配信される可視画像や赤外画像，地上で撮影した天空画像，直近の実測データ等の実況値を入力として，予測精度の向上が図られている。

衛星画像として，ひまわり7号による30分ごとの可視画像（水平解像度1km）および赤外画像（同4km）が，千葉大学環境リモートセンシング研究センターを通じて利用可能である[10]。衛星画像の画像情報から地上の日射量推定については，物理法則に基づく手法[11]や簡易的に画像情報と地上観測値との関係をモデル化する手法[12]〜[14]など様々な手法が提案されている。また，2013年に設立された「太陽放射コンソーシアム」では，衛星観測データに基づく太陽放射データ等の利用を通じて社会への貢献を果たすことを目指し，再生可能エネルギーや農業利用など様々な分野での応用を見据え，衛星画像データから算定した地表面下向き日射量や直達日射量等の様々なデータを提供している[15]。なお，2014年に打ち上げられたひまわり8号では，水平解像度が可視画像で0.5〜1km，赤外画像で2kmと高くなり，配信間隔も2.5分（日本付近）に短縮される。このため，将来的には衛星画像からの日射量推定精度の更なる向上が

3.1 太陽光発電予測技術

期待される。

衛星画像に基づく数時間先の日射予測では，複数枚の衛星画像において同じ雲の位置を同定し，雲の位置の変化から移動ベクトルを求め，一定時間移動ベクトルが継続するとして，予測対象時刻に該当エリア上空における位置する画像の場所を特定し，その画像情報から日射を推定して予測値とする手法が一般的である[12]〜[14]。したがって，移動ベクトルの適切な算出が予測精度の向上において重要である。例えば，文献(14)の手法の場合，図3.1.4に示す様に日本周辺の11×13個の領域について雲の特徴点を抽出し，過去画像における特徴点周辺の領域について相関係数を算定し，これに基づき移動ベクトルを確率分布で算定している。

なお，衛星画像に基づき早朝の日射を数時間前に予測するには赤外画像を用いる必要があるが，赤外画像では輝度温度が高い低層の雲を適切に把握できない可能性がある。また，雲の移動ベクトルに基づく予測では，雲の発生・消滅に起因する日射の大きな変動(ランプ変動)を適切に予測できない可能性が高い。そこで，これらの予測精度の向上のため，地上から上空を撮影した天空画

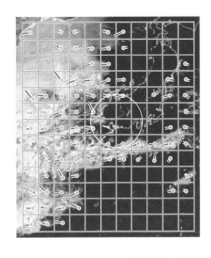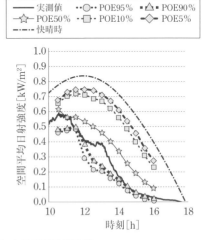

図3.1.4　衛星画像による日射予測の例

像や雨雲レーダなど，他の情報を併用した手法の開発が期待される。

天空画像については，配電エリア程度の領域の空間平均日射の現状把握や数分先の予測における利用も検討されている[16],[17]。さらに，複数の天空カメラを分散配置することである程度の広域を対象とした予測も期待される。課題として，雲の発生や雲の形状変化には対応しきれないこと，そして雲の高さ方向の情報を認識することが難しく，どの程度前の画像を利用して移動ベクトルを算出するかなどが挙げられる。

さらに，現状把握については，過去の観測値を用いて予測する手法も有効である。その際，非観測地点の値を推定するため，多地点の観測値に基づき，クリギングなどの空間補間法を用いる方法[18]，天空画像を用いる方法などが検討されている[19]。

3.1.4　信頼区間の予測

上述のように，これまでに様々な日射予測手法が開発されているが，本質的に予測誤差をなくすことは困難である。このため，予測手法の利用者の観点からは，点推定値（期待値）を予測する決定論的手法だけでなく，予測の不確実性（予測値がはずれる確率）についても予測可能な確率的手法が有用である。決定論的手法では，説明変数 x に対する回帰関数 $y = g(x)$ を構成することでモデル化して予測「値」が出力されるのに対し，確率論的手法では，条件付き確率変数 $y \mid x$ が従う確率分布，具体的には累積分布関数 $F(y \mid x)$ や，その微分である確率密度関数 $f(y \mid x)$，複数の累積確率 p についての分位点 $y_p = F-1(p \mid x)$ 等が予測結果として出力される。

確率分布の表し方には，パラメトリックな分布で表す場合とノンパラメトリックに表す場合とがある。前者の場合，出力値の確率分布をガウス分布 $N(\mu, \sigma^2)$，ガンマ分布 $Gam(k, \theta)$，ベータ分布 $Beta(p, q)$ などで表現し，μ 等の分布パラメータを説明変数 x の関数として予測することで，応答変数 y の分布関数 $F(y \mid x)$ を予測する。日射強度の場合，ゼロを下限，大気外日射強度を上限とする有限の物理量であることから，無限区間における対称分布を仮定しているガウス分布では確率分布を適切に表現できない。そこで，区間の有限

性や非対称性を単一の確率分布で表現できるベータ分布を利用した確率的日射予測手法が提案されている[20]。

一方，ノンパラメトリックな確率分布を用いる手法の代表例として分位点回帰が挙げられる[21]。説明変数 x_t を用いて，観測値 $\hat{y}_t$ に対する回帰関数 $g(x_t;\beta)$ を算定する際，絶対誤差を最小とするようにパラメータ推定値 $\hat{\beta}$ を得れば，$g(x_t;\hat{\beta})$ は「中央値(50％分位点)」を表す。さらに，誤差が負の場合と正の場合に分けて，それぞれの絶対値誤差に $(1-p)$ と p の重みを掛けて足し合わせたものを最小にすると，$g(x_t;\hat{\beta})$ は「$100\,p$％分位点」の値を表す。そこで，p の値を変え，任意の分位点に関する回帰関数を算定し，個々の分位点の期待値を予測する。

3.1.5　予測値の評価方法

一般に，予測の評価方法としては，一定期間内の平均誤差 ME，平均絶対誤差 MAE，2乗平均平方根誤差 RMSE などの指標が用いられる。これらの誤差指標においては，誤差を何等かの値で正規化して表される場合がある。太陽光発電の場合，設備容量や各時間帯の観測値などで正規化される場合がある。何で正規化するかによって誤差評価値が大きく異なるので注意が必要である。また，各時間帯の観測値で正規化する場合，時間帯ごとに正規化した誤差の平均値を算定する場合と，対象期間全体の誤差を期間中の日射量で序した相対的な誤差を評価している場合もある。さらに，日の出前・日没後の時間帯を含めて評価している場合がある。このように，日射／太陽光発電の予測誤差の評価においては，その方法が統一されていないため，注意が必要である。

信頼性区間の予測手法ついては，例えば，滞在率，ある閾値を決定した場合の的中率とはずれ率のスレッドコア，区間の年間積分など，様々な要素を考える必要がある。RMSE 等と同様に，予測値と観測値を統計的に比較する手法としては，予測値の累積分布関数 $F_t^f(x)$ と観測値の累積分布関数 $F_t^o(x)$ を用いて，(3.1.1)式で示される CRPS（Continuous Rank Probability Score）などの評価指標がある。

$$CRPS = \frac{1}{N}\sum_{i=1}^{N}\int_{x=-\infty}^{x=\infty}\left(F_i^f(x) - F_i^o(x)\right)^2 dx \tag{3.1.1}$$

なお，$F_i^o(x)$ は観測値において 0 から 1 に変化するヘビサイド関数となる。

予測精度の評価においては，このような一般的な指標を用いるのではなく，本来であれば，特定のユーザのニーズに照らして評価するべきと考えられる。例えば，予測値を用いた翌日の発電機起動・停止計画問題においては，予測誤差に伴う供給過不足やこれに伴うコストによって予測精度を評価すべきと考えられる。

3.2 風力発電予測技術

3.2.1 はじめに

本節では，エネルギーマネージメントシステムの運用計画立案に必要な風力発電予測技術について紹介する。風力発電は，CO_2 を排出しない利点があるため，その導入量が増加している。今後，エネルギーマネージメントシステムでも風力発電を考慮した計画立案が必要になると考える。一方，風力発電は出力変動が激しいため，適切な計画立案のためには，事前にその発電量を予測する必要がある。

風力発電の予測手法としては，風力発電所の風速や発電量データだけを用いて求める方法と，大気の運動を広域的にとらえて予測する方法に大別される。一般的に，前者は未来2〜3時間程度までの予測に適用され，後者は数日先までの予測に適用される。多くのエネルギーマネージメントシステムでは翌日，もしくは1週間程度の運用計画を立案することから，本節では後者について述べるものとする。

予測の手順として以下のように3段階に大別できる。①広域の風速を予測する。②風車のある小領域の風速を予測する。③風速を発電量に換算する。本節では，3.2.2項に上記①の概要を述べる。3.2.3項に，上記②の一手法について述べる。3.2.4項では，上記③の一手法について述べる。

3.2 風力発電予測技術

3.2.2 広域の風速予測

　広域の風速予測は，数値予報モデルを用いて計算される。数値予報モデルとは，地球全体の大気を数十kmメッシュの格子状網で覆い，格子点上の気象要素(風速，気温，湿度など)の時間変化を数値的に解く方法である。全世界の様々な観測データが必要になること，膨大な数値計算が必要なことから，各国の気象庁で行う方法である。日本では，全球数値予報モデルGPV(GSM(全球域))，全球数値予報モデルGPV(GSM(日本域))，メソ数値予報モデルGPV(MSM)，局地数値予報モデルGPV(LFM)の4種類の予報値が，(財)気象業務支援センターから配信されている。それぞれの違いは予報範囲，メッシュ間隔，予報対象時間である。例えば全球数値予報モデルGPV(GSM(日本域))は，日本全域を水平面20kmメッシュ，鉛直方向に17層，1日4回，1時間もしくは3時間間隔の予報値が最大264時間先まで配信される。数値気象予報の概要は気象庁[22]にて，配信する予報値の内容は(財)気象業務支援センター[23]にて公表されている。

3.2.3 風車位置の風速予測

(1) 広域の風速予測の補正方法

　広域の風速予測は，メッシュ間隔，及び鉛直方向の層(気圧面)間隔が広いため，風車位置の風速と必ずしも一致しない。そのため，広域の風速予測をさらに細かなメッシュで再計算したり，統計手法を用いて補正したりする必要がある。前者は，複雑な気象モデルを用いており，計算量も膨大なことから，エネルギーマネージメントシステム内で実施することは容易ではない。そこで，本項では，統計手法にて補正する方法を紹介する。

　風速は，地上からの高さや，地形・障害物により大きく変化する。近年の風車は100mを超える高さがあり，また日本は地形が複雑なため，これら要素を加味して，風速を求める必要がある。

風車高さ位置への風速の補正は，次式で求めることができる。

$$W_{f1} = \frac{(h_p - h_w)W_{f0} + (h_w - 10)W_p}{h_p - 10} \quad (3.2.1)$$

h_p：風車直上の気圧面高さ
W_p：風車直上の気圧面の風速
W_{f0}：地上10mの風速
h_W：風車中心位置の高さ

さらに，風車位置相当の補正は，次式で求めることができる。

$$W_{f2}(t) = aW_{f1}(t) + b \quad (3.2.2)$$

a,b：回帰係数
W_{f1}：風車高さ相当の風速予測値
W_{f2}：風力発電所風速予測値
h_W：予測対象時間

表3.2.1に，風速補正の効果の一例を示す[24]。2つの補正を行った風速の誤差W_{f2}が最も誤差が小さいことが確認できる。

表3.2.1 風速予測の絶対値平均誤差（m/sec）

予測対象時間	0h先	12h先	24h先	48h先
W_{f0}（地上10mの広域風速予報値）	1.83	1.92	2.10	2.43
W_{f1}（風車高さの補正）	1.63	1.67	1.94	2.30
W_{f2}（風車高さ風車位置の補正）	1.57	1.68	1.88	2.25

(2) 予測値の信頼区間

現状の風速予測技術では，大きな誤差が発生する場合がある。エネルギーマネージメントシステムで，安全サイドの運用計画を立案するためには，どのくらい風速予測が外れるのか事前に推定する必要がある。図3.2.1は，風速予測値と誤差の標準偏差の関係である。風速予測値が大きいほど，また予測対象が未来になるほど誤差の標準偏差が大きくなる。つまり，風速予測値と予測対象時刻から，誤差の標準偏差を推定できる。以下に，高城・菅野ファジィ推論[25]を用いた推定方法を図3.2.2と(3.2.3)式に示す[24]。

3.2 風力発電予測技術

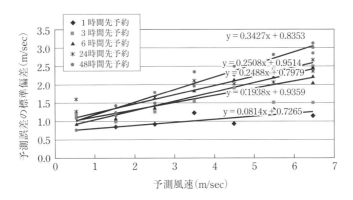

図3.2.1 風速予測値と誤差の標準偏差の関係

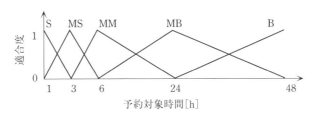

図3.2.2 風速誤差の標準偏差を求めるためのメンバシップ関数

$$d(t) = \frac{G_s f_s(W_s) + G_{MS} f_{MS}(w_f) + G_{MM} f_{MM}(w_f) + G_{MB} f_{MB}(w_f) + G_B f_B(w_f)}{G_s + G_{MS} + G_{MM} + G_{MB} + G_B}$$

(3.2.3)

$d(t)$：t時の誤差の標準偏差
$G_s, G_{MS}, G_{MM}, G_{MB}, G_B$：メンバシップ関数の適合度
$f_s(\ ), f_{MS}(\ ), f_{MM}(\ ), f_{MB}(\ ), f_B(\ )$：それぞれ1, 3, 6, 24, 48時間先の誤差の標準偏差を求める関数
w_f：風速予報値

　図3.2.3は，予測結果の一例である[24]。σとは誤差の標準偏差である。統計的には，±2σの範囲に95%実績値が入ることを示している。上述のとおり，実績値と予測値はほぼ重なり，また実績値はおおむね±2σの範囲であることが確認できる。

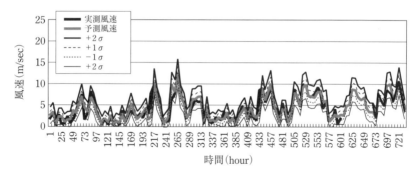

図3.2.3　1時間先の風速予測結果の一例

3.2.4　風力発電量の換算

　風力発電量はパワーカーブと呼ばれる風速と発電量の関係より求めることができる。しかし，ウィンドファームの場合，風上側風車が運転すると風下風車への風速が低下し，風下側風車の発電量が低下する。図3.2.4のような配置の風車のパワーカーブを図3.2.5に示す[24]。2号機風車は，風向が南南西，つまり1号機風車の風下になった場合に，発電出力が低下することが分かる。

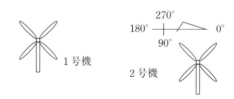

図3.2.4　風車の位置関係

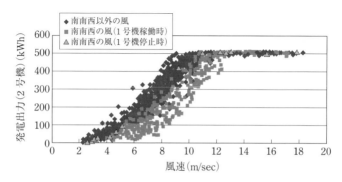

図3.2.5　風向により異なるパワーカーブの一例

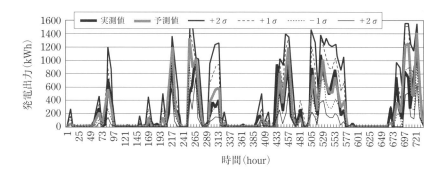

図3.2.6　1時間先の発電量予測結果の一例

　そのため，複数の風車を持つウィンドファームの場合には，風向ごとにパワーカーブをもとめ，それを応じて発電量に換算する必要がある．図3.2.6は，発電予測結果の一例である[24]．風速同様に，発電量は ±2σ の範囲内になることが確認できる．

3.3　負荷予測技術

3.3.1　はじめに

　本節では，エネルギーマネジメントシステムの運用計画立案に必要な負荷予測技術について紹介する．スマートコミュニティにおけるエネルギーマネジメントシステムとしては，地域の需給バランスとデマンドレスポンス要求を統括するCEMS，ビル需要家向けのBEMS，工場需要家向けのFEMS，家庭需要家向けのHEMSがある．CEMSでは地域のエネルギー負荷の予測に基づいて需給バランスをとり，FEMS，BEMS，HEMSでは各々の負荷の予測に基づいて適切なエネルギー供給設備を運用することで供給エネルギーの無駄を省いたり，需要と供給の連携によるピークシフト・ピークカットなどを実現する．このように負荷予測技術は各種EMSで適切なエネルギーマネジメントを行うために必要な共通技術の一つである．

　負荷予測技術は大別すると，①負荷の時系列的な推移傾向に基づく予測，②

回帰モデルなどの相関関係に基づく予測，③過去の類似日データに基づく予測の3種類に分けられる。①は負荷の時系列的な推移傾向をモデル化し，そのモデルに基づいて将来の予測を行う方法であり，基本的にはごく短期先の予測に用いられることが多い。②は負荷と強い相関関係がある気温などの因子を入力として，負荷を出力する回帰モデルを構築し，そのモデルに基づいて将来の予測を行う方法である。③は負荷データの日々の類似性に着目し，予測対象日の状況に似た日の過去データをデータベースから検索して将来の予測を行う方法である。

本節では，まず，3.3.2項で家庭需要家，ビル需要家，工場需要家を例にあげて予測対象となる負荷の特徴について説明する。次に3.3.3項では負荷の時系列的な推移傾向に基づく予測手法，3.3.4項では相関関係に基づく予測手法を紹介し，最後に3.3.5項では過去の類似データに基づく予測手法について紹介する。

3.3.2 予測対象負荷の概要

(1) 家庭需要家

図3.3.1に家庭需要家の負荷曲線例を示す。図から分かるようにエアコン

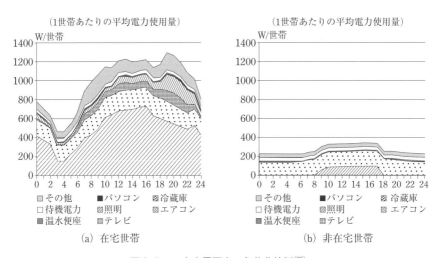

図3.3.1 家庭需要家の負荷曲線例[26]

が最も消費が大きい。そのため，在宅世帯と非在宅世帯とでは負荷曲線の形状，負荷の大きさともに大きく異なっている。従って，家庭需要家の需要予測を行う際には，在宅／非在宅の区別，気温などの気象条件を考慮する必要があると考えられる。また，家族構成や人数も負荷を決定付ける要因になり得ると考えられる。

(2) ビル需要家

図3.3.2にビル需要家の負荷曲線例を示す。ビル需要家も空調の占める割合が大きい。図3.3.2には4種類のビル需要家の例をあげたが，業種によって負荷曲線の形状は大きく異なっている。食品スーパーや飲食店では店舗が混雑する時間帯の負荷は特に大きくなる一方，ホテル・旅館では他業種に比較し

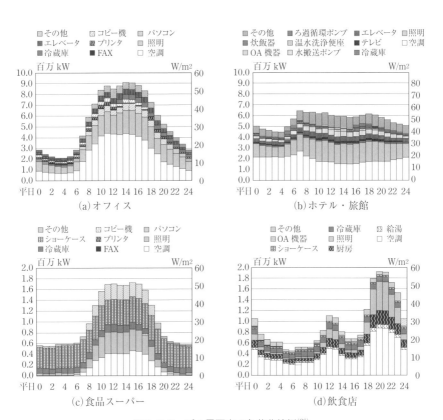

図3.3.2　ビル需要家の負荷曲線例[26]

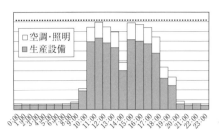
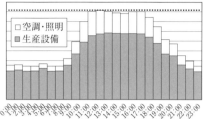

(a) 昼間操業の需要家(一般的な稼働時間)　　(b) 昼夜連続操業の需要家(高い稼働時間)

図3.3.3　工場需要家の負荷曲線例[26]

て平坦な形状の負荷曲線となっている。ビル需要家の負荷を予測する際には，気温などの気象条件の他，稼働日や稼働時間なども考慮が必要である。

(3) 工場需要家

図3.3.3に工場需要家の負荷曲線例を示す。工場の負荷は昼間操業か昼夜連続操業かの操業形態で異なるが，ビル需要家や家庭需要家と異なり生産設備によるエネルギー消費が非常に多い。製造業の用途別電力消費比率として生産設備が83％を占めているとの報告もある[26]。生産設備以外の負荷としてはビル需要家と同様に空調や照明などがある。このため，工場需要家の負荷予測に際しては，気温などの気象条件の他，操業形態や生産計画などの考慮が必要である。

3.3.3　負荷の時系列的な推移傾向に基づく予測手法

(1) 概要

時系列分析では，時間軸上で等間隔に観測される系列的なデータ群が時間とともにどのように変化していくか，将来どのようになるかを分析，予測する手法である。これには大きく2つの考え方があり，1つは自己回帰型のAR(Autoregressive)モデル，もう1つは移動平均型のMA(Moving Average)モデルである。ARモデルにMAモデルを組み合わせたものが自己回帰移動平均モデルのARMA(Autoregressive Moving Average)モデルである[27]。

時刻 t のデータ rt は，(3.3.1)式の ARMA モデルで表すことができる。各種パラメータは最小二乗法や最尤法で推定される。

$$r_t = \mu + \sum_{i=1}^{p} \phi_i r_{t-i} + \sum_{i=1}^{p} \theta_i \varepsilon_{t-i} + \varepsilon_t \tag{3.3.1}$$

μ：定数項
ε：誤差項
ϕ, θ：係数
p：自己回帰過程の次数
q：移動平均過程の次数

(2) 適用例

時系列解析に基づく予測手法の適用例として文献[28]を紹介する。文献[28]では，住宅600軒分の30分間隔の電力負荷を予測している。具体的にはデータを冬季，夏季，中間季の3つの季節に分割し，それぞれの季節について予測を行っている。

ARMAモデルの適用に当たっては，1日を30分ごとの48の時間帯に分け，平日の同一時間帯のデータを集めて時系列データを作成し，各々に対してARMAモデルを作成している。モデルの推定には過去1ヶ月分の平日の電力需要データを使用しており，モデルの次数は赤池情報量基準（AIC）が最小となるものを選択している。表3.3.1に予測結果を示す。比較している単純平均は，過去1ヶ月の平均値を予測値としたものであるが，ARMAモデルの方が良い精度で予測できていることが報告されている。

表3.3.1 住宅の電力負荷予測結果（文献[28]をもとに作成）

	ARMAモデル	単純平均
冬　季	2.665	7.58
夏　季	3.42	22.75
中間季	3.56	5.29

※数字は全て二乗平均誤差（％）

3.3.4 相関関係に基づく予測手法

(1) 概要

相関関係に基づく代表的な負荷予測手法としては，重回帰モデルを用いた予測手法がある。これは予測対象の負荷と強い相関関係がある気温などの因子を入力として，負荷を出力する重回帰モデルを構築し，そのモデルに基づいて将来の予測を行う。

$$y = a + \sum_{i=1}^{n} b_i x_i \tag{3.3.2}$$

y：目的変数
a：定数項
b_i：偏回帰係数
x_i：説明変数
n：説明変数の数

目的変数として電力負荷を，説明変数として電力需要と強い相関関係があるとされる気温，湿度，過去の負荷，曜日などが用いられる。

(2) 適用例

重回帰モデルに基づく予測手法の適用例として文献(29)を紹介する。文献(29)では回帰式をベースにした技術を用いて学校内の電力負荷を予測している。2段階の予測ステップからなり，最初のステップでは予測当日の1時間ごとの電力負荷のうち数時間分の電力負荷を重回帰モデルで予測する。次のステップでは任意時点の実績値と予測値との差が小さい負荷曲線を過去1年から選出し，誤差が小さい上位5本の負荷曲線の平均値を予測負荷曲線とする方法を用いている。

以下に詳細を説明する。

［ステップ1：1日8断面の負荷予測］

本方式では，予測処理を実行する時間を，昼間の2時間ごとの6断面(8時，10時，12時，14時，16時，18時)と負荷が大きく立ち下がる時間帯である15時と17時も加えた全8時点としている。この8時点で予測時の1時間後と予測時以降の2時間ごとの断面の電力負荷を予測する。例えば，10時に予測を実行する場合では，11時，12時，14時，16時，18時の5断面の負荷予測が行われ

る。重回帰モデルの説明変数は①正規化された年間の週別負荷パターン，②正規化された週間の曜日別負荷パターン，③気温，④気温の2乗値，⑤予測実行時間の電力負荷の5種類である。正規化された負荷パターンとは，年間または週間の電力負荷の最大値が1となるように各週，または各曜日の電力負荷を正規化したものである。これにより年間や週間の負荷傾向が考慮されている。気温の2乗値は気温と負荷の関係が単純な線形関係ではなく凸形状の曲線となるため，この関係を考慮するために用いられている。

［ステップ2：負荷曲線の予測］

ステップ1で予測した数断面の電力負荷予測値と直近の電力負荷実績値を用いて過去1年間の負荷曲線データを検索し，予測値と直近の実績値の近傍を通る負荷曲線を誤差が小さい上位5日分を選び出し，5本の負荷曲線を平均することで最終的な予測負荷曲線を求めている。負荷曲線を予測する場合に，各時点の電力負荷を重回帰モデルで予測しておき，それらを直線で結ぶ簡便な方法も考えられるが滑らかな負荷曲線が得られない恐れがある。この方式では2段階のステップを踏むことにより適切な予測負荷曲線を得ることができるとしている。

3.3.5 過去の類似データに基づく予測手法

(1) 概要

負荷データの日々の類似性に着目し，予測対象日の状況に似た日の過去データをデータベースから検索して将来の予測を行う方法であり，代表的な手法にJIT (Just-in-Time) モデリング[30]がある。JITモデリングは従来のモデル構築法とは異なり，推定が要求されたときのみ要求点近傍のデータをデータベースから選択し，それらを用いて局所モデルを構築し，作成した局所モデルを用いて出力を推定する。このため，モデルの更新は予測処理実行のタイミングで行われ，またデータが十分に保有されていれば非線形プロセスに対しても高い推定精度が得られる。局所モデルとしては重回帰モデルや平均法などが用いられる。

(2) 適用例

JITモデルに基づく予測手法の適用例としてマンションの電力負荷を予測し

第3章　共通要素技術

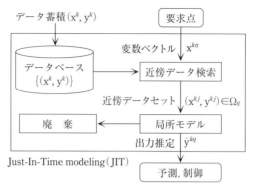

図3.3.4 Just-inTime モデリング[30]

ている文献[31]を紹介する。本方式では決定木と組み合わせることで、JITモデリングの類似日抽出時の要因を適応的に変更する点が特長である。まず初めに決定木による負荷要因分析を行う。次に、負荷要因分析結果に基づいて、負荷の類似日を複数抽出し、気象条件の違いを考慮した補正を行う。最後に、複数の補正結果を平均化することで最終的な予測結果を得る。

以下に詳細を説明する。

［ステップ1：負荷要因の抽出］

ステップ1では、決定木（CARTアルゴリズム）を適用して負荷と関係の強い要因を分析する。CARTは、一旦、木を最大木まで成長させてから最小木まで剪定を行いながら最良な決定木を求める手法である。また最良木での分岐条件から目的変数に対して影響を与える説明変数の関係を統計的に表した変数重要度を算出する。分析に用いる要因としては、負荷に影響がある要因の候補（過去の負荷、気温、湿度、不快指数、平日／休日、デマンドレスポンスのレベル）としている。

［ステップ2：類似日の抽出］

ステップ2では、予測対象日と類似した日のデータを過去のデータベースから抽出する。抽出の際には気温、前日の負荷、曜日タイプ、デマンドレスポンスレベルをキーとし、これらをステップ1で求めた変数重要度で重み付けした距離関数を用いている。

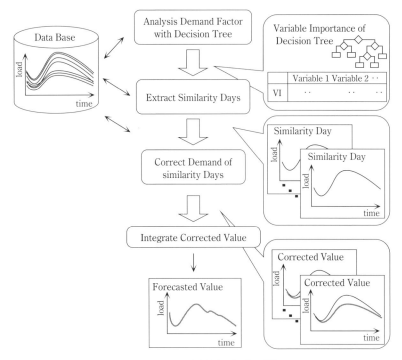

図3.3.5　予測手法の概念図[31]

［ステップ3：需要の予測］

　ステップ3では，探索した近傍データを用いて予測モデルを構築し，負荷予測を行う．本方式では，近傍データとして時系列負荷データを用いるため，抽出した近傍データを各時刻において平均化することで，予測負荷曲線を得ている．

3.4　電力貯蔵制御技術

3.4.1　電力貯蔵システムの用途

　電力貯蔵システムはスマートコミュニティにおいてエネルギーの需要と供給のバランスを調整する重要な役割を果たしており，その蓄積したエネルギーを利用した様々なサービスが提案されている．

(1) 負荷平準化

一般に電力の需要家は生活や稼働のサイクルに応じてエネルギーを消費するため，電力需要の変化には例えば昼と夜といった周期的な増減が発生する。スマートコミュニティでは，例えば図3.4.1に示す方式で電力貯蔵システムを充放電させることで電力需要の平準化を図り，設備稼働率の向上，および設備投資の抑制効果を得ることができる。

(a) ピークカット：電力需要が予め設定した電力値 PH を上回る場合に，電力需要を抑制する方式である。電力貯蔵システムを利用する場合は，放電によって需要を抑制し，放電した電力量をオフピーク時 t_1 に補充電する。

(b) ピークシフト：予め設定した複数の時間帯において所定量の充電(t_1〜t_2)

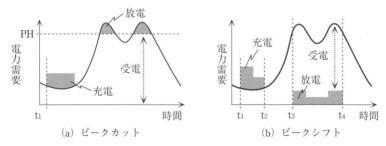

図3.4.1 負荷平準化の概念図

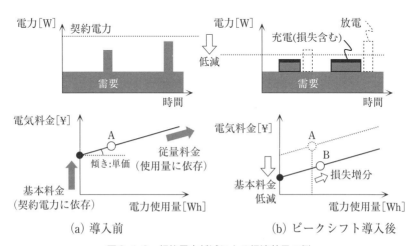

図3.4.2 契約電力低減による経済効果の例

または放電($t_3 \sim t_4$)を計画運転することで，需要変動を平準化する．需要予測技術との組合せにより，ピークカットと同等の効果が得られる．

スマートコミュニティの経済運用において負荷平準化の導入効果を検討する際には，電力小売り事業者の料金体系を活用するとよい．図3.4.2は料金プランの事例として，ピーク需要(契約電力)に依存する基本料金と，使用量に応じた定率の従量料金とを組合せた形態の電力契約を示している．この料金プランでは，ピーク需要を電力貯蔵システムの放電で賄うことで契約電力を抑制して基本料金を低減できる．ただし，電力貯蔵システムは充電から放電への過程において変換損失を発生するため，電力損失の増加による従量料金の増加を勘案する必要がある．図3.4.2で示すように電力貯蔵システムの導入により点Aが点Bへ変化することで電力料金が節減できる．

また，他にも電力小売り事業者の料金プランとして，時間帯別に異なる料金単価を設定する事例がある．例えば，電力の需要ピークとなる昼時間帯の単価C_Pに対し，ベース電源が出力余剰となる夜時間帯の電力単価C_Bを割安に設定した深夜電力プランなどが挙げられる．図3.4.3に示すように，割安な夜間に充電し，割高な昼間に電力量Eを放電する需要シフトを行えば，充放電1サイクルあたり(3.4.1)式に示す電力料金Pを節減できる．

$$P = C_P E - C_B \left(\frac{E}{\eta} \right) \tag{3.4.1}$$

ここで，ηは充放電効率である．

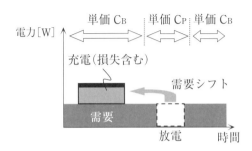

図3.4.3　時間帯別料金プランに対する需要シフトの例

(2) 発電電力平準化

近年，CO_2排出量の削減へ向けた取り組みとして再生可能エネルギーの導入が進められている。しかし太陽光や風力のエネルギーを利用した発電システムでは，日射や風況といった自然現象に由来する発電出力の変動が電力系統の需給バランスを乱し，系統の電圧や周波数に影響を与える可能性がある。これらの課題に備えるため，送電網の管理者が発電事業者に対し連系点における発電出力の時間変動率を規制する例がある。

規制に対して，例えば風力発電システムでは，風車ブレードの角度調整等を用いて発電出力の変動を抑制する方式があるが，この方式は結果として風のエネルギー利用を制限し，稼働率の低下をもたらす。一方，図3.4.4に示すように発電システムの連系点に電力貯蔵システムを併設して変動を充放電電力で相殺すれば，風のエネルギー利用を制限せずに連系点の電力出力を平準化できる。

スマートコミュニティの経済運用において発電電力の平準化を検討する際には，発電機の出力制限と電力貯蔵システムの充放電の2方式を組み合わせながら，風況や日射の実測波形を用いたシミュレーション等により電力貯蔵システムのコストが最小となる運用条件を見極めるとよい。

(3) バックアップ，その他

電力貯蔵システムへ所定の電力量を常に確保しながら，停電などの系統異常時に重要負荷へバックアップ電力を供給するシステムとして用いることができ

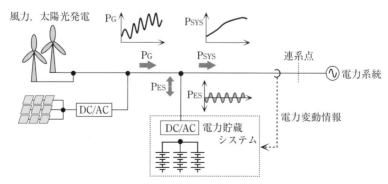

図3.4.4 発電電力平準化システムの構成例

る。より長時間のバックアップを保証するシステムにおいては，まず過渡的に電力貯蔵システムで電力を供給しながら，後に別途設けた内燃機関等の発電機を起動させるなどの組み合わせ構成としてもよい。

また，複数の電源や熱源，および各種の負荷を一括管理し，電力系統から独立したオンサイト型電力供給システムであるマイクログリッドにおいても電力貯蔵システムが主要な役割を担っており，商業ビル等における経済性改善や，島嶼部や辺境部における電源システムの安定化に貢献している。

3.4.2 電力貯蔵デバイスの種類

電力貯蔵の概念には揚水発電や圧縮空気などの大規模な例も含まれるが，ここでは特にスマートコミュニティでの実用性に注目し，小型で分散配置に適した電力貯蔵デバイスの代表事例を表3.4.1に示す。デバイス毎に放電時間，重量・体積，充放電効率などが異なるため，充放電の運転パターンを予測し適合したデバイスを選定することで，経済性や設置環境の最適化を図ることができる。例えば短時間のピークカット需要や瞬停対策には放電時間の短い電気二重層コンデンサ(EDLC)やLiイオン電池を，24時間サイクルのピークシフト需要や長時間のバックアップに対しては放電時間の長いナトリウム・硫黄電池(NaS)や鉛蓄電池を用いても良い。発電電力の平準化用途では，発電出力の時間変動率の規制レベルによって，適切なデバイスを選定する必要がある。

(1) 蓄電池

電力を化学エネルギーの形態で蓄積するデバイスである。デバイスに対する

表3.4.1 電力貯蔵デバイス比較表

	デバイス	放電時間	重量[Wh/kg]	体積[Wh/L]	効率[％]
	EDLC	数秒	1〜15	10〜20	85〜98
蓄電池	NaS	数時間	100〜250	120〜160	70〜85
	NiMH	数時間	40〜80	80〜200	65〜75
	鉛	数時間	30〜45	50〜80	75〜90
	Liイオン	数分〜数時間	60〜200	200〜400	85〜98
	フライホイール	数秒〜数分	5〜30	20〜80	80〜90

電力の入出力は直流電力が用いられ，交流／直流変換装置(パワーコンディショナ，Power conditioning system：PCS)を介して電力系統に接続される。また，基本単位となる蓄電池セルは端子電圧が数Vと低いため，通常の蓄電池は数セルから数百セルを直列接続した形態で用いられる。充放電作用には電気化学反応を利用するため，充放電時は蓄電池の種別や組成に応じ適切な作動温度に管理する必要がある。例えば，鉛蓄電池やLiイオン電池については室温程度に維持するための冷却を，ナトリウム・硫黄電池(NaS)については高温状態を維持する保温が必要であり，温度管理で消費する待機電力が経済性および環境性に影響を及ぼすことに注意が必要である。

また，充放電に作用する化学物質の量を超えて電力を充電または放電した場合には，不可逆な内部反応を引き起こし性能が低下する可能性があるため，運用時には蓄電池の充電率(State of charge：SOC)の管理が必須となる。一般に蓄電池のSOCは，(3.4.2)式に示すように電流積算値を基に算出する。

$$SOC(\%) = \frac{\int i \, dt}{Q_{max}} \times 100 \qquad (3.4.2)$$

ここで，i[A]は蓄電池電流，Q_{max}[Ah]は蓄電池の定格容量である。

実際の蓄電池システムでは，電流iの検出誤差や，定格容量Q_{max}の経年変化がSOCの検出演算に影響を与える。この課題に対し，蓄電池の電圧や温度など他のパラメータを計測し，SOC演算値を補正する等の手法が提案されている。特に，Liイオン電池のシステムは引火性の電解液を用いており厳しい安全管理を要するので，これらのSOC演算アルゴリズムを搭載した状態監視用コントローラを付帯する形態が一般となっている。

なお，日本国内の蓄電池設備は各自治体の火災予防条例において，一般の変電設備と同程度の防災基準とするよう定められている。蓄電池設備は一般に建屋内に設置されるが，近年では図3.4.5に示すように蓄電池ユニットと制御装置，および交流／直流変換装置を1台のコンテナに収めた形状も，設置が容易である利点を活かし実用化されている。

(2) フライホイール

運動エネルギーの形態で電力を蓄えるデバイスである。図3.4.6にフライ

3.4 電力貯蔵制御技術

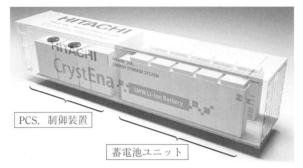

図3.4.5 蓄電池システム（コンテナ型） ㈱日立製作所より提供

ホイールの原理図を示す。電力は駆動／制動を行う発電・電動装置によって回転力に変換され，はずみ車効果を有するフライホイール部に運動エネルギーとして蓄積される。機器の選定にあたっては，接続系統の電圧階級に応じて電動機を選定でき，サイクル寿命の制約が原理的に生じにくい等のメリットと，機械的抵抗によるエネルギー損失が生じる等のデメリットを考慮する必要がある。

(3) その他

その他，活性炭などの多孔質を電極に用いて電気二重層の構造を利用した電気二重層コンデンサ（EDLC）は，瞬停対策など短時間での高出力用途に活用されている。

近年，これら定置型のエネルギー源に加え，移動体の動力源を複合したスマートコミュニティの概念が新たに提唱されている。中でも，電気自動車（EV）を電力系統に連系し充放電を集中管理するシステム（V2G）や，燃料電池

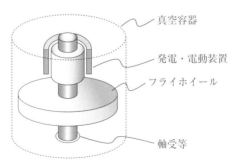

図3.4.6 フライホイールの原理

49

第3章 共通要素技術

車へ供給する水素燃料を再生可能エネルギーから生成し水素ガスを貯蔵媒体とするといった形態は,移動体の燃費改善メリットと複合した新たな価値を提供する電力貯蔵システムとして期待できる。

3.5 熱電併給制御技術

(1) 熱電併給システムの概要

熱電併給システム(コージェネレーションシステム,以下コージェネ)とは,

表3.5.1 コージェネの種類と特徴[32]

種　類	ガスエンジン	ガスタービン	燃料電池
容　量	1kW～1万kW	1000kW～数万kW	0.7kW～
発電効率※	25～50%	20～40%	40～50%
総合効率※	65～90%	70～85%	90～95%
特　徴	・発電効率が高い ・家庭用から産業用まで用途が広い	・蒸気を使う需要家に向いている ・容量の割に設備が小型	・小型でも効率が高い ・騒音が出ない

※低位発熱量(LHV)基準:低位発熱量とは,燃焼ガス中の生成水蒸気が凝縮したときに得られる凝縮潜熱を含まない発熱量。低位発熱量＝高位発熱量－水蒸気の凝縮潜熱×水蒸気量。

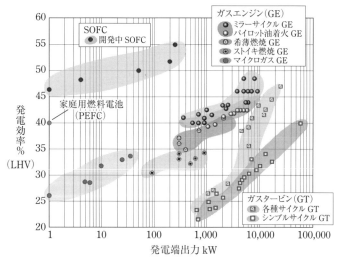

図3.5.1 コージェネのラインナップ(東京ガス調べ)

発電時に発生する熱を温水や蒸気として回収し,給湯や冷暖房,工場のプロセス蒸気などに活用することにより,高い総合効率で運用が可能なシステムである。発電の方式は,エンジン(ガスエンジン,ディーゼルエンジン),ガスタービン,燃料電池などがある(表3.5.1)。

図3.5.1は,コージェネのラインナップを出力(横軸)と効率(縦軸)のグラフに示したものである[32]。同じ種類の場合,容量が増えると発電効率が高くなる傾向がある。

(2) コージェネの制御[33]

コージェネは,電気と熱を同時に発生させるシステムであるが,このうち熱は蒸気および温水で出力され,給湯や暖房に使われるほか,空調機の一つである吸収式冷凍機の熱源として使われ冷房にも使用される。図3.5.2に一例としてガスエンジンコージェネ,空調機等からなるシステムフロー図を示す。

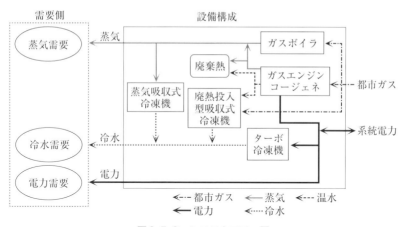

図3.5.2 システムフロー図

ここで,ガスエンジンの電気出力 E [kWh/h] と熱出力 Q [kWh/h] は下式で表される。

$$E_{GE_i}(j) = \eta_{e_i}(j) \cdot G \cdot F_{GE_i}(j) = x_i(j) \cdot K_{GE_i} \tag{3.5.1}$$

$$Q_{GE_i}^{Steam}(j) = \eta_{h_i}^{Steam}(j) \cdot G \cdot F_{GE_i}(j) \tag{3.5.2}$$

$$Q_{GE_i}^{HW}(j) = \eta_{h_i}^{HW}(j) \cdot G \cdot F_{GE_i}(j) \tag{3.5.3}$$

F：ガス消費量[m³/h]，G：ガス発熱量[$kWh/$m³]，x：部分負荷率[-]，η_e：ガスエンジン発電効率[-]，η_h：ガスエンジン排熱回収効率[-]，K：定格容量[kW]

GE：ガスエンジン，$Steam$：蒸気，HW：温水，i：ガスエンジン台数，j：時間(例えば1時間毎)

フロー図の電気，蒸気，冷水のエネルギーバランスは下式にて表される。

$$E_d(j) + E_{TR}(j) + E_{aux}(j) = \sum_i E_{GE_i}(j) + E_{buy}(j) - E_{sell}(j) \tag{3.5.4}$$

$$Q_d^{Steam}(j) = Q_S(j) + Q_{GB}(j) - Q_{RS_{in}}(j) \tag{3.5.5}$$

$$Q_d^{CW}(j) = Q_{RS}(j) + Q_{GL}(j) + Q_{TR}(j) \tag{3.5.6}$$

$$\sum_i Q_{GE_i}^{Steam}(j) = Q_S(j) + Q_{waste}^{Steam}(j) \tag{3.5.7}$$

d：需要，TR：ターボ冷凍機電力，aux：補機動力，buy：系統からの購入，$sell$：系統への販売，S：ガスエンジン排熱利用分，GB：ガスボイラ，RS：吸収式冷凍機，GL：廃熱投入型吸収式冷凍機，CW：冷水，Q_{waste}：廃棄熱

電気，熱需要に対するコージェネや空調機の効率的な運用を求める問題は，最適化問題である。最適化の対象は，コスト，一次エネルギー消費量，CO_2排出量などがあるが，最適解を求める場合には，それぞれの目的関数を作り最適化計算を行う。以下に図3.5.2のシステムの年間のランニングコストを最小化する目的関数を示す。

$$\begin{aligned} C_l = & U_{gas\_ec}\left(\sum_{i,j} F_{GE_i}(j) + \sum_j F_{GB}(j) + \sum_j F_{GL}(J)\right) \\ & + \sum UE_{buy}(j) \cdot E_{bur}(j) - \sum UE_{sell}(j) \cdot E_{sell}(j) \\ & + U_{CD} \cdot CD/30 + U_{BUE}(max(K_{GE}))/12/30 \\ & + U_{mtn} \cdot \sum_i E_{GE_i} + \sum_i UD_{GE}(K_{GE_i}) \cdot D_{GE_i} \end{aligned} \tag{3.5.8}$$

U_{gas_ec}：ガスの従量料金単価[$JPY/$m³]，U_{Ebuy}：系統電力従量料金単価[JPY/kWh]，U_{Esell}：系統への売電単価[JPY/kWh]，U_{CD}：契約電力単価[JPY/kW]，CD：契約電力[kW]，U_{BUE}：自家発補給電力単価

$[JPY/kW]$,U_{mtn}：ガスエンジンメンテナンスコスト$[JPY/kWh]$,U_{DGE}：ガスエンジンの起動停止コスト$[JPY/number]$

　第一項は燃料費，第二項は電力従量料金，第三項は売電料金，第四項は電力基本料金，第五項は機器メンテナンス時に使用する自家発補給電力料金，第六項はメンテナンス料金，第七項は起動停止コストを示す．なお，イニシャルコストまで考慮したコスト最少を考える場合は，イニシャルコストを耐久年数で割り返した年価法により導かれる費用を加える式とする．目的関数を解く手法には，線形計画法など様々な手法があるが，ここでは省略する．

　従来は比較的システムが単純であったために，過去の運用実績をもとにした運転員の経験則による運用でも問題なかったが，後述するスマートエネルギーネットワークのように，複数の需要に対して様々な機器から構成されるエネルギーシステムによりエネルギー供給を行う場合は，経験則にて最適解を導くことは困難であり，最適化計算が有効となると考えられる．

(3) スマートエネルギーネットワークについて

　スマートエネルギーネットワーク(以下スマエネと略す)とは，様々なエネルギーシステムと負荷設備を，電気や熱のネットワークで結び，ICTを活用して

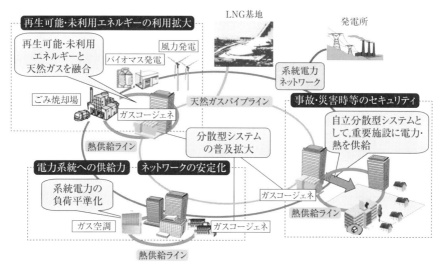

図3.5.3　スマエネのイメージ図

スマートに(賢く)制御することで,省エネ,省コスト,エネルギーセキュリティ向上など多様な付加価値を提供するもので,スマートグリッド,スマートコミュニティーなどと表現されるものと基本的には同じ概念である。図3.5.3にイメージ図を示す。

スマエネが提供する価値やサービスとしては下記のものがある。

① 電力,熱(冷水,温水,蒸気)需要に対するエネルギーマネジメントシステム(EMS)を活用したコージェネ・空調設備等の最適制御による省エネ・省コスト
② 複数建物,複数需要家間の電力,熱融通によるエネルギーの有効利用とコージェネの大型・高効率化による省エネ・省コスト
③ 系統電力,再生可能エネルギー・未利用エネルギー,コージェネ・空調機器などの様々なエネルギーの組み合わせによるベストミックス
④ 停電時のコージェネからの電力供給等を利用した事故・災害時のエネルギーセキュリティ向上(BCP・LCP[※]提供)
    [※] Business Continuity Plan/Life Continuity Plan
⑤ BEMS/HEMSによるエネルギーの見える化と省エネ診断等の新サービス提供
⑥ 今後導入が進むと考えられる電気の時間帯別料金制や需要抑制指令(デマンドレスポンス:DR)に対応する発電・需要制御
⑦ 太陽光の大量導入時に懸念される太陽光の出力変動対策としてのコージェネの出力調整機能の活用によるネットワーク安定化

(4) コージェネを用いたスマエネの事例(田町)

田町駅東口北地区では,官民が連携し,エネルギーの融通や未利用エネルギーの活用を行い,環境性・防災性に優れた複合市街地の形成を目指したスマエネの構築が進められている(図3.5.4)。

公共公益施設,医療施設,児童福祉施設からなる第Ⅰ街区とオフィスビルなどが計画されている第Ⅱ-2街区からなり,それぞれにエネルギーセンターが設置される。エネルギーセンターには,コージェネ,燃料電池,太陽熱集熱器,空調設備が設置され,それぞれの街区に電力,熱(温熱,冷熱)を供給す

3.5 熱電併給制御技術

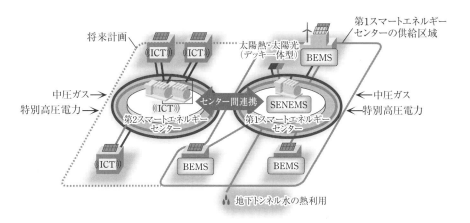

図3.5.4 田町駅東口北地区 スマートエネルギーネットワーク

る。熱については，両エネルギーセンター間で融通される。

ここでは，ICTの活用により，外気温，空調機等のエネルギー利用状況，熱源機の運転状況を常時把握し，熱源機だけでなく空調機制御をリアルタイムで行うことで，エリアのエネルギー需給の一括管理・制御を行うことで，エリア全体の省エネ・省CO_2化を実現する予定である。

<参考文献>

(1) 電気事業連合会会長定例会見要旨(2012年4月20日)
(2) 大関,「太陽光発電システムの発電把握・予測の技術動向」, 太陽エネルギー, Vol. 39, No. 6(2013)
(3) 気象庁Webサイト(数値予報), http://www.jma.go.jp/jma/kishou/know/whitep/1-3-1.html(最終アクセス2015年2月5日)
(4) 與那, 千住, 舟橋, 関根,「ニューラルネットワークを用いた太陽光発電設備の24時間先発電電力予測」, 電気学会論文誌B, Vol. 128, No. 1, pp. 33-39(2008)
(5) 鈴木, 後藤, 寺園, 若尾, 大関,「Just-In-Time Modelingに基づく日射量予測手法の開発」, 電気学会論文誌B, Vol. 131, No. 11, pp. 912-919(2011)
(6) J. G. S. Fonseca Jr., T. Oozeki, T. Takashima, G. Koshimizu, Y. Uchida, K. Ogimoto,

"Use of support vector regression and numerically predicted cloudiness to forecast power output of a photovoltaic power plant in Kitakyushu, Japan", Progress in Photovoltaics: Research and Applications, Vol. 20, Issue. 7, pp. 874-882(2012)

(7) 嶋田，劉，吉野，小林，和澤，「気象モデルによる日射予測その1：予測システムの概要と精度検証」，太陽エネルギー，Vol. 39, No. 3(2013)

(8) 電気学会再生可能エネルギー出力予測技術調査専門委員会編，「再生可能エネルギーの出力変動特性と予測」，電気学会技術報告，第1316号，pp. 52-62(2014)

(9) 加藤，「日射強度・風力発電出力の前日予測に関する第一回コンペ実施報告」，電気学会平成27年全国大会，S13-7(2015)

(10) 千葉大学環境リモートセンシング研究センターWebサイト http://www.cr.chiba-u.jp/(最終アクセス2015年7月21日)

(11) H. Takenaka, T. Y. Nakajima, A. Higurashi, A. Higuchi, T. Takamura, R. T. Pinker, T. Nakajima, "Estimation of Solar Radiation using a Nural Network based on Radiative Transfer", Journal of Geophysical Research, Vol. 116 D08215(2011)

(12) 滝谷，「気象会社における太陽光発電の出力把握・予測の取組」，太陽エネルギー，Vol. 39, No. 6, pp. 49-55(2013)

(13) 橋本，小林，田村，平口，「太陽光発電出力予測のための衛星画像データを用いた日射量推定・予測モデルの開発」，電力中央研究所報告 N13003(2013)

(14) 紀藤，真鍋，栗本，加藤，舟橋，鈴置，「衛星画像を用いた空間平均日射強度のランプ変動予測に関する一検討」，電気学会新エネルギー・環境／メタボリズム社会・環境システム合同研究会資料，FTE-15-005／MES-15-005(2015)

(15) 太陽放射コンソーシアムWebサイト http://www.amaterass.org/index.html(最終アクセス2015年7月21日)

(16) C. W. Chow, B. Urquhart, M. Lave, A. Dominguez, J. Kleissl, J. Shields, B. Washom, "Intra-hour forecasting with a total sky imager at the UC San Diego solar energy testbed", Solar Energy, Vol. 85, pp. 2881-2893(2011)

(17) 牧野，栗本，加藤，鈴置，「天空画像を利用した半径数km内の空間平均日射強度リアルタイム推定」，電気学会論文誌B，Vol. 134, No. 6, pp. 510-517(2014)

(18) 川崎，宇佐美，西岡，山根，「十数km四方での日射変動平滑化効果の分析」，電力中央研究所報告，Q10036(2011)

(19) H. Yang, B. Kurtz, D. Nguyen, B. Urquhart, C. W. Chow, M. Ghonima, J. Kleissl, "Solar irradiance forecasting using a ground-based sky imager developed at UC San Diego", Solar Energy, Vol. 103, pp. 502-524(2014)

(20) 志賀，加藤，鈴置，「ベータ回帰を用いた確率的日射量予測—大外れ予見可能性

の検討―」, 電気学会論文誌 B, Vol. 134, No. 6, pp. 527-536 (2014)
(21) P. Bacher, H. Madsen, H. A. Nielsen, "Online short-term solar power forecasting", Solar Energy, Vol. 83, pp. 1772-1783, (2009)
(22) http://www.jma.go.jp/jma/kishou/know/whitep/1-3-1.html
(23) http://www.jmbsc.or.jp/hp/online/f-online0.html
(24) 飯坂達也ほか, "風力発電予測手法とその信頼区間の推定方法", 電気学会論文誌 B, Vol. 131, No. 10, pp. 1672-1678 (2011)
(25) T. Takagi and M. Sugeno, "Fuzzy identification of systems and its applications to modeling and control", IEEE trans. SMC, Vol. SMC-15, No. 1, (1985)
(26) 経済産業省, "夏季の電力需給対策について", (2011)
(27) Box, G. E. P. and Jenkins, G. M., "Time Series Analysis: Forecasting and Control", Holden-Day, San Francisco, (1970).
(28) 佐々木勇太ほか, "マイクログリッド向け電力需要予測手法の検討", 第23回エネルギーシステム・経済・環境コンファレンス講演論文集, No. 3-2, (2007)
(29) 樋田祐輔ほか, "需要家における需要予測を用いた電力貯蔵用システムの運用制御", 電気学会論文誌 B, Vol. 130, No. 11, (2010)
(30) 内田健康ほか, "大規模データベースオンラインモデリング―高炉への適用―", 計測と制御, 第44巻, 第2号, (2005)
(31) 石橋直人ほか, "デマンドレスポンスを考慮した需要予測への JIT モデリングの適用", 電気学会 B 部門大会, 論文 I, No. 11, (2013)
(32) 天然ガスコージェネレーション機器データ, 日本工業出版 (2014)
(33) 坂東他「都心部における複数地域冷暖房地区のエネルギー面的利用に関する研究報告 第1報」, 日本エネルギー学会誌, 第89号, 第7号, pp. 658-664 (2010)

第4章

デマンドレスポンス

第4章 デマンドレスポンス

4.1 電力需給とデマンドレスポンス

デマンドレスポンスは,電力自由化が進む米国において2000年代に入ってから注目され,定義や意義が論じられてきた。そこで本節では,米国のデマンドレスポンスについて述べる。

わが国においても,電力システム改革において,ネガワット取引などデマンドレスポンスの制度が整備されていくことになるが,基本的な考え方や,将来展望を検討する際には,米国の経験に学ぶところは大きい。

(1) デマンドレスポンスの定義

米国エネルギー省(Department of Energy:DOE)の定義によると,デマンドレスポンス(Demand Response:DR)とは,「時間的に変化する電力価格,もしくは卸電力価格高騰時や需給逼迫時に電力使用を減らすように設計された報酬に反応して,最終需要家自らが通常の電力消費パターンから電力使用を変化させること」である[1]。我が国においては,季節別・時間帯別料金や,需給調整契約などが実施されているが,これらはDRプログラムと位置付けられるものである。

北米の卸電力系統の信頼度の監視,評価,基準策定などを行う北米電力信頼度機関(North American Electric Reliability Corporation:NERC)は,詳細なDRプログラムの整理を行っている(表4.1.1)。NERCでは,様々なDRプログラムのうち,信頼度維持のために活用できるものについて,DR可用性データシステム(Demand Response Availability Data System:DADS)という実績データ収集の枠組みを整備し,将来の長期信頼度評価にて適切な取り扱いができるように準備している。

DRに関する技術的な動向として,世界的な再生可能エネルギー電源大量導入に対して,供給側からだけでなく需要側からのアンシラリーサービスを供給しようという検討も進められている(表4.1.2)。

図4.1.1は,電力系統の計画から運用,電力受渡し時点までの各時間断面におけるDRの役割を示したものである[2]。従来型の季時別料金TOUが月間の運用計画断面で有効なのに対し,信頼度維持を目的とするDRプログラムや

4.1 電力需給とデマンドレスポンス

表4.1.1　NERCにおけるDRプログラムの整理

DRプログラム		定　義
信頼度維持のためのDRプログラム	Direct Load Control（直接負荷制御）	給電指令所からの直接遠隔操作による需要側管理。系統の季節的なピークの発生時に，系統運用者の直接制御により，需要家敷地内の個々の電気機器の電力供給を停止する。
	Interruptible Demand（遮断可能電力）	系統事故期間における，負荷削減の同意に対する料金割引を含む小売料金に含まれている負荷削減の選択権。契約上の合意に基づいて，系統の季節的なピーク発生時に削減する。いくつかの例では，契約条項による事前通知の上，系統運用者が遠隔制御で負荷遮断する。
	Critical Peak Pricing (CPP) with Control（制御を伴う緊急ピーク料金）	系統事故時もしくは卸電力市場価格の高騰を契機とする，緊急ピーク時間帯であらかじめ設定された高い電気料金と，直接負荷制御を組み合わせたDR。
	Load as Capacity Resource	系統事故時に事前に定められた量の負荷削減を約束しているDR。
	Spinning Reserves（同期予備力）	系統電力と同期しており，需給インバランス発生直後の数分でインバランスを解消するように備えているDR。
	Non-Spinning Reserves（非同期予備力）	系統に連系されていないが，特定の時間内に利用できるDR。
	Regulation（調整力）	通常の調整余力を提供するために自動発電制御（Automatic Generation Control, AGC）に反応するDR。
	Emergency（緊急）	系統大もしくは地域の容量制約を解消するためのDR。
需要家の経済的な判断によるDRプログラム	Demand Bidding & Buyback（需要側入札と需要買い戻し）	卸電力市場に負荷削減として入札を行う，もしくは特定の価格で負荷削減を促すDR。
時間によって電気料金が異なるDRプログラム	Time-of-Use (TOU)（時間帯別料金）	異なる時間帯で異なる単価が適用される電気料金
	Critical Peak Pricing (CPP)（緊急ピーク料金）	卸電力市場価格の高騰や系統事故の時間帯に，あらかじめ定められた高い料金を適用することで，負荷削減を促すように設計された電気料金。高い料金の適用時間や日数には上限が定められる。
	Real Time Pricing（リアルタイム料金）	前日もしくは当日の卸電力価格の変動に応じて変動する電気料金。
	System Peak Response Transmission Tariff（系統ピーク反応送電料金）	送電料金の削減方法として，系統ピーク発生時間帯において，インターバルメータを持つ需要家が需要を抑制する電気料金。

第4章　デマンドレスポンス

表4.1.2　デマンドレスポンスの種類

DRの種類	DRの内容	時間と頻度	主な需要側機器	補足
事故時対応 Contingency	供給力喪失時の即時・随時対応	登録容量到達時間：10分未満 継続時間：30分未満 頻度：一日1回以下	農業ポンプ，冷房，照明，換気，データセンター	10分程度の速い予備力に対応するネガワット。継続時間は短め。
柔軟性活用 Flexibility	風力・太陽光の変化速度に対応する追加的な負荷追従（増減の双方向）	登録容量到達時間：20分 継続時間：1時間 頻度：契約期間中で連続	冷房，照明，換気	事故時対応と比較して，少し遅くてもよいネガワット。継続時間は長め。
エネルギー	エネルギー消費の抑制もしくはシフト	登録容量到達時間：20分 継続時間：1時間 頻度：一日1，2回，4〜8時間	農業ポンプ，冷房，暖房，データセンター	ピーク電源の燃料費節約。省エネと競合の可能性もある。自家発，蓄電・蓄熱の範囲。
容量 Capacity	電源代替としての供給が可能	系統ピーク時の年間上位20時間	農業ポンプ，冷房，暖房，照明，換気，データセンター	我が国では従来のピークカット型DRが近い。

出所）米国ローレンスバークレー国立研究所報告[2]を参考に，筆者が加筆修正

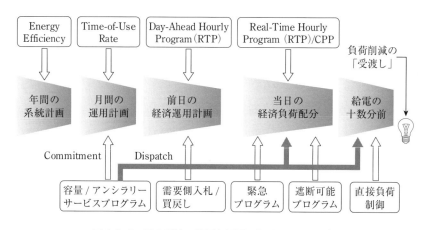

図4.1.1　電力系統の計画と運用におけるDRの役割

4.1 電力需給とデマンドレスポンス

CPP は，需要家と電気事業者の間の連絡が円滑に行なわれれば，当日の系統運用に活用できる可能性がある。また，負荷削減容量を事前にコミットするようなアンシラリーサービス(特に需要家側の予備力供給)は，時間によって電気料金を変化させるような設計にしなくとも，月間レベルの運用計画に組み込み，前日・当日の電力系統の状況をにらみながら必要に応じて発動することが期待できる。

(2) 電力自由化におけるデマンドレスポンスの意義

米国の電気事業の競争環境の整備は，発電側から始まった。1992 年国家エネルギー政策法(EPAct)の施行と 1996 年の FERC(連邦エネルギー規制委員会：Federal Energy Regulatory Commission)オーダー 888，889 により，ネットワークの開放と卸電力市場の整備が進められた。これにより，米国北東部やテキサス，カリフォルニアに，独立系統運用者(ISO：Independent System Operator)が誕生し，発電部門と送電部門，小売部門が切り離された電気事業が営まれるようになった。その後，2000〜2001 年のカリフォルニア電力危機や 2001 年のエンロン粉飾決算・破綻，2003 年北米大停電により，それまでに進められてきた電力自由化は，経済競争にだけ目を向け，電力の安定供給には配慮のない制度作りであり，失敗であったとの意見も見られるようになった。一方で，市場メカニズムの活用そのものは正しいのだが，その実装すなわち制度設計が不十分であることを問題視する考えもあった。その考えの一つが，発電側のみが競争環境下にあり，需要側は卸電力価格とは無関係に電力を消費しているため，市場メカニズムから外れているというものである。

電力系統の運用を司る ISO は，発電事業者と小売事業者から提示される売り注文と買い注文を，電力系統の物理的な運用制約を考慮して約定させる。発電事業者は，卸電力価格が高いときに発電を行い，安いときには発電を止めることができる。そのため，発電事業者は売り注文を，価格と数量の両方を提示する指値注文とすることが可能である。一方，小売事業者は，電力需要に応じて買い注文を出すが，電力需要は卸電力価格が変化しても変化することはないため，数量のみを提示する成り行き注文が中心にならざるを得ない。そのため市場メカニズムは，電力の供給側にのみ導入され，需要側には導入されていな

第4章　デマンドレスポンス

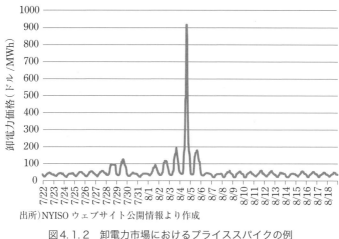

出所）NYISO ウェブサイト公開情報より作成

図4.1.2　卸電力市場におけるプライススパイクの例
（ニューヨーク ISO 前日市場価格，2001年7月22日～8月18日）

い不完全な形となる。

　このような卸電力市場では，供給力が不足しているときに電力価格が平時の十数倍にもなる，プライススパイクが見られる。例として，ニューヨーク ISO 前日市場価格（一時間毎に約定価格が定まる）のプライススパイクの例を図4.1.2に示す。プライススパイクの発生頻度は一定ではないが，例えば2000年から2004年の間で，米国 ISO の一つであるニューヨーク ISO において，1MWh あたり500ドルを超える卸電力価格が付く時間は3時間あった[3]。

　2011年3月に FERC が発令したオーダー745は，ISO/RTO（地域送電機関：Regional Transmission Organization）が監督する卸電力エネルギー市場における DR に対する補償を求めている。本指令は，ISO/RTO に対し，正味便益テスト（Net Benefit Test）の結果で求められた閾値より卸電力価格が上回った場合には，DR 容量だけでなく抑制量（エネルギー）に対しても支払を行うことを義務付けるものである。例として，カリフォルニア ISO における DR の正味便益テストの考え方を示す（図4.1.3）。エネルギー市場における供給曲線と DR 容量 Δq が与えられたとき，ある卸電力価格 p を仮定すると，供給曲線から需要量 q と，DR がなかった場合の卸電力価格価格 $p + \Delta p$ が得られる。ここで得られた値から DR の便益 $q \times \Delta p$ ならびに DR の費用 $p \times \Delta q$ を計算することができる。

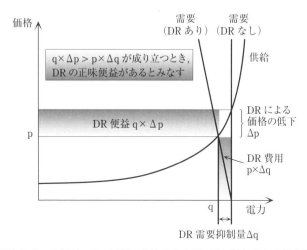

図4.1.3　カリフォルニア州におけるDRの正味便益テストの概念図

正味便益はDR便益からDRの費用を引いたものであり，正味便益テストの閾値とは，DRの費用と便益が等しくなるときの卸電力価格pである．正味便益テストでは，毎月の供給関数を，前年同月の売り入札を平滑化関数で近似して求め，現時点の可用電源と燃料費の調整を行ったうえで，閾値を求めている[4]．

4.2　デマンドレスポンスの実用性

　デマンドレスポンスは，電力の過不足に合わせて，リアルタイムに近い形で時間帯ごとの電気料金を変化させるシグナルにより，需要家の行動変化を通じ，需要抑制や電力ピークをシフトするものである．デマンドレスポンスは特に米国で重要視されており，一部の電力市場などで取り組みが進められている．米国は日本と違い，電力会社が発電会社から電気を買って，それを需要家に小売りするシステムのため卸売価格が変動する．そのため，仕入れ価格と需要のバランスをコントロールできるデマンドレスポンスの取組みに力を注いでいる．日本においても，再生可能エネルギー導入が拡大した場合，需要のコントロールが必要となるため，実証などによりピーク時間帯に電気料金が高くなるような仮想的な料金を設定することで料金に対するデマンドレスポンス効果

を検証している。

　具体的には，需要家は料金プログラムに応じて，料金が高い時間帯にエアコンの使用を控え，他の時間帯に使用できる家電機器を安い時間帯に使用するなどの行動による電力シフト効果を指すことになる。また，HEMS などにより制御可能な「スマート家電」との連携により，自動で電力消費を抑えるようなことも検討されている。

　家庭におけるデマンドレスポンスを進めるためには，需要家がより参加したくなるインセンティブをどのように設定するかが重要となる。また，家庭内のどの家電機器を制御対象とするか，HEMS などと協調を含めどのように最適設計・制御するかなどを検討し，それに応じたシステムを開発し，スマートハウスにおける実証なども行う必要がある。

　複数の工場群やビル群におけるデマンドレスポンスでは，複数の需要家間で負荷調整量を融通することで，より大きな負荷調整余力を確保することが可能になるとともに，需要家の負荷調整余力の大小，季節や時間帯による負荷調整の制約を緩和することができるようになる。また，業種，タイプの異なる需要家を群管理することで，平準化効果により需要家群全体の電力負荷のピークカットが可能になる。これらのサービス事業はデマンドレスポンス・アグリゲーション事業として，米国などでは既に事業化されている。

　さらには，家庭や工場・ビル群の多くの需要家を束ね，電力会社の供給信頼度の向上に貢献するような系統運用と協調した実施方法の検討・実証も今後必要となってくる。このようにデマンドレスポンスは，ピーク需要時に発信されるシグナルに対する需要家の反応でピークシフトなどを実現するための手段として注目を集めるのみではなく，新しい事業性の可能性もあり多く脚光を浴びている。

4.3　デマンドレスポンスの事例

　太陽光や風力をはじめとした再生可能エネルギーを将来的に大量に導入し，あわせて家庭・オフィス・商業施設・交通など，生活のさまざまなシーン全体

4.3 デマンドレスポンスの事例

を総合的に俯瞰し最適利用を地域レベルで進める「スマートコミュニティ」とも言うべき，次世代のエネルギー・社会システムを構築することが必要となっている。この認識の下，経済産業省では，「次世代エネルギー・社会システム実証」を2010年4月から開始している。この事業には計19地域から応募があり，横浜市，豊田市，けいはんな，北九州市の4地域が実証地域として選定された。4地域それぞれの特徴や構想を活かし，先進的な日本型スマートコミュニティのモデルを構築している。次に，国内実証プロジェクトの横浜市の事例を紹介する。

(1) 横浜スマートシティプロジェクト(YSCP)[5]

横浜市は，江戸時代の日米修好通商条約に基づく開港からはじまる港湾のほか，年間5000万人余りが訪れる観光や商業，京浜工業地帯を構成する工業，そして約369万人，約160万(2011年12月現在)が暮らす大ベッドタウンなど，さまざまな都市としての顔を持っている。

この横浜市のみなとみらいエリア(商業地区)，横浜グリーンバレーエリア(住宅・工業地区)，港北ニュータウンエリア(住宅地区)の3地区で，2014年までに計4200世帯が参加して展開していくのが横浜スマートシティプロジェクト(YSCP)である。

エネルギー需要の特徴が異なるこれらの地域間で需要を最適化させるCEMS (Community Energy Management System)を中心に，HEMS，BEMS，EV(電気自動車)，蓄電池 SCDA (Supervisory Control And Acquisition)，などを連係させ，より低い社会コストで太陽光発電の出力変動の吸収やピークシフトを実現するデマンドレスポンスと需要家側蓄電池の制御技術などを実証している。マンション丸ごとの住戸や複数のビルを一つの群として束ねて行うデマンドレスポンス対応能力の拡大や，大規模集合住宅内の住戸間の電気・熱の融通，2000台のEVを住宅や地域の蓄電池として利用などが検証された。

4.3.1 家庭部門

節電を引き出しやすい手法を実証し，ピークカット効果14.9%を確認することができた。以下に，その取り組み事例を説明する。

第4章　デマンドレスポンス

(1) 実証概要

HEMS導入により，生活に変化があったのか調査するとともに，昨年度の消費電力データをもとに新たな料金メニューに移行した場合のメリット・デメリット提示など，新たな電気料金メニューへの効果的な誘導策の検証を実施した。

(2) 実証結果

デマンドレスポンスを柱とした省エネ行動実験の流れを図4.1.4に示す。節電効果をより引き出すには，実証参加者の意識が重要となる。節電や電気料金メニュー，実証などに対して，どのような意識を持たれているか，あわせてアンケートを実施した。

① 参加世帯は，前日にデマンドレスポンスの案内のメールを受信。
② 参加世帯の皆様には，翌日の電気料金表を確認の上，HEMSを活用した省エネ行動を検討。
③ 実験当日は，空調の設定温度や使用時間の調整などを実施。
④ 省エネ行動の結果は，各世帯のHEMSを通じて集計。

【実証参加者への意識調査アンケート結果(抜粋)】
- 9割の参加者が，HEMSの活用により節電意識が向上し，電力使用量が減った。
- HEMSの導入により，「こまめに消灯するようになった」「ドライヤーの使用

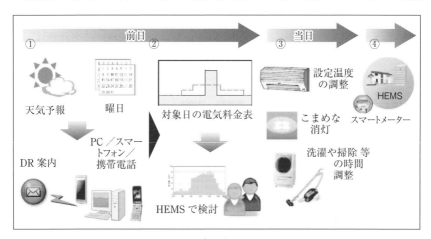

図4.1.4　デマンドレスポンスにおける省エネ行動の流れ

4.3 デマンドレスポンスの事例

時間が減少した」など直接の行動が変化した。
- 8割の参加者がHEMSの収集データに基づいた,最適な電気料金メニューの情報提供を希望。
- 電力小売り自由化後の電力会社の選択基準は,電気料金メニューを重視する。

一連の実証を通じて,節電意識やデマンドレスポンスに対する認知度が向上し,節電行動の日常化や家族が同じ部屋で過ごす時間が増えるなど,ライフスタイルの変化がおきつつあること,電気料金メニューに対する関心が高いことが分かった。昨年度の消費電力データをもとに,新たな料金メニューに多くの方に加入(移行)してもらうために,誘導策とデマンドレスポンスの節電効果を検証した。

(3) 今後の展開

今後は,新たな電力料金メニューへの参加・不参加世帯や,デマンドレスポンスに柔軟な対応ができる世帯の属性の違いなどを分析していく。また,現在策定中の横浜市中期4か年計画(平成26年～29年)や同計画の具体化を図るための「横浜市エネルギーアクションプラン」に,今回の実証結果を活かすとともに,HEMS活用やその効果など,より一層の情報発信が行われることが期待される。

4.3.2 ビル部門

ネガワット取引により電力削減目標に対し,約9割超の削減を達成することができた。以下に,その取り組み事例を紹介する。

(1) 実証概要

24年度冬季,25年度夏季・冬季の3季の実証により,電力ピークカットの最大化は目標達成した一方で,デマンドレスポンスの実施ごとに削減量のバラツキが見られるため,25年度冬季の実証からネガワット取引を導入し,複数のビルで削減目標を設定し,達成できるか否かを検証した。

(2) 実証結果

デマンドレスポンスを発動する電力会社などが必要とする削減量に応えるために，次の３つの項目について実証を実施した。ネガワット取引の仕組みと流れのイメージを図4.1.5に示す。

① 同一削減目標に対するビル群としての調整効果
② 削減目標達成によりインセンティブを支払うデマンドレスポンスメニューの効果
③ 需要家側の効率的なピークカット効果

デマンドレスポンスを実施する電力会社などが必要とする削減量をもとに，各拠点が個々に削減目標を定め応札し，7日間でデマンドレスポンスを実施した結果，削減目標に対して各拠点毎の平均で9割超の削減を達成することができた。今回の実証はネガワット取引を導入することで，デマンドレスポンスによる削減目標達成に必要なインセンティブ価格として約30円/kWhが指標となることが確認できた。

(3) 今後の展開

今回の実証では，拠点の構造や設備機器，入居者ら来場者の違い，急激な気

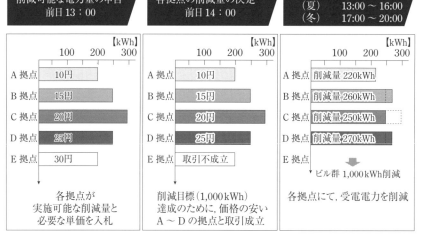

図4.1.5　デマンドレスポンスにおける省エネ行動の流れ

温の変動などから削減目標に対する削減量に苦慮するケースがあった。こうした実証結果を，今後，横浜市のエネルギー政策の取組みに活かされていくことが期待される。

　この実証によって，インフラの更新が容易ではない既成都市へ汎用的に展開可能な「既成都市スマート化モデル」の構想が期待される。

　デマンドレスポンスは，あくまでも社会全体における電力インフラの効率的利用やエネルギーの効率利用を目指している[6]。中長期的には，政策的に支援されている再生可能エネルギーの大量導入により，電力系統の需給バランス制御や運転予備力へのニーズが高まっていく。供給側では調整電源を増設するだけではなく，スマートコミュニティにおけるリアルタイムデマンドレスポンスプログラムにより，その一部を需要家側資源で代替できれば，より効率的で安定的な電力供給が可能になる。デマンドレスポンスを実施するためには，電力系統技術に，各種省エネルギー技術，センサ，電力貯蔵，分散型電源，データ処理，情報通信技術と融合して運用することが必須となる。

＜参考文献＞

(1) DOE, Benefits of Demand Response in Electricity Markets and Recommendations for Achieving Them (2006)
(2) Olsen, et al., "Grid Integration of Aggregated Demand Response, Part 1: Load Availability Profiles and Constraints for the Western Interconnection", LBNL-6417E (2013)
(3) 山口順之，今中健雄，浅野浩志，「米国における需要反応プログラムの実態と課題」，電力中央研究所報告，調査報告：Y05028 (2006)
(4) CAISO, Demand Response Net Benefit Test, Market Analysis and Development, California Independent System Operator (2011)
(5) 横浜市　温暖化対策統括本部．横浜スマートシティプロジェクト (YSCP)．<http://www.city.yokohama.lg.jp/ondan/yscp/>
(6) 浅野浩志，「デマンドレスポンスによる需要安定化」，電気学会誌，Vol. 132, No. 10, pp. 688-691 (2012)

第5章

CEMS

第5章　CEMS

本章では，スマートコミュニティにおけるエネルギーマネジメント機能としてのCEMSの仕組みやそれを実現するための要素技術，ならびにデマンドレスポンスを活用した需給制御を説明する。あわせて，経済産業省の補助事業「けいはんなエコシティ次世代エネルギー・社会システム実証プロジェクト」にて実施したHEMS，BEMS，EV充電管理センターなどの需要家EMSと協調したCEMSによるデマンドレスポンス実証実験を紹介する。

5.1　CEMSの仕組み

電力品質を維持しながら，電力不足への対応や不安定な再生可能エネルギーの活用等，エネルギー利用を最適化する技術の開発が求められている。また大規模集中電源に対するリスク回避の面から，分散的に中小規模の電源を組み合わせて地産地消を目指すシステムや，非常時にも地域に対して一定の電力供給を行う自立型の電力インフラも検討されている。このような電力品質・快適性の維持と低炭素化社会の実現の両立を目指すスマートコミュニティは，供給側での電力の安定供給を実現するスマートグリッド技術と需要家側での効率的なエネルギー利用を図る各種EMS(Energy Management System)とを組み合わせたコミュニティー・エネルギーマネジメントシステム：CEMS(Community Energy Management System)により実現される。CEMSを実現するには，電力や熱などのエネルギーを適切に制御する技術とともにビル，工場，一般住宅など様々なCEMS要素間を協調させるためのICT(Information and Communication Technology)の活用が必要となる[1]。

図5.1.1にスマートグリッドにより制御される電力系統とCEMSにより制御されるスマートコミュニティの関係を示す。図のように，CEMSは電力系統全体を制御するスマートグリッドとの連携を図りながら，地域におけるビル，工場，一般需要家等と分散型電源(地域発電所)とを配電線やガス・熱のパイプライン，ならびにICTで結び，電力品質の確保と省エネルギー化やピークカットなどによるCO_2削減を両立させるために，エネルギー全体の最適化を行うシステムである。

5.1 CEMSの仕組み

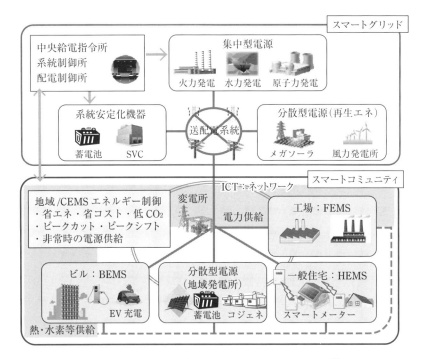

図5.1.1　スマートグリッドとスマートコミュニティ[1]

　低炭素社会を構成する上で，再生可能エネルギーの活用が重要となる。しかし，太陽光発電に代表される再生可能エネルギーは出力が不安定かつ予測が困難である。このため，再生可能エネルギーの大量導入は，周波数変動，電力余剰，電圧上昇など，電力系統の電力品質に及ぼす影響が避けられない。さらに，東日本大震災を契機にした原子力発電の停止は我が国全体での電力の安定供給に対する信頼性を揺るがすこととなった。このことからエネルギー供給の頑健性を担保するうえで，発電の分散化や需要家側でのエネルギー消費の効率化が議論されるようになり，電力の地産地消の促進の必要性も認識されてきた。特に電力不足時には，太陽光発電なども含む分散化された電源と需要家側での電力消費抑制を連携させ，需要家間で協調しながらエネルギー利用の最適化を行う仕組みも求められる。

　CEMSは，電力系統をベースに，地域に存在する分散電源や家庭・ビル・

工場等の需要家群，さらに電力ストレージとしての活用が考えられるEV（ElectricVehicle）等を連携させ，需要と供給を適切に管理しつつ地域でエネルギー利用の最適化を図る。このため，ICTを活用してそれらに関連する情報をやり取りし，エネルギー有効活用促進のためのインセンティブや各需要家単位での見える化と連動する。このように，CEMSはより付加価値の高い低炭素社会を実現する地域社会，スマートコミュニティの基盤となる。

また，CEMSは電力だけでなく，エネルギー最終需要の半分を占める熱エネルギーや，近年需要の伸びの著しい運輸部門でのエネルギー利用の効率化も視野に入れ，全体最適を実現するシステムとして構築される。家庭・オフィス・商業施設・交通等，生活の様々なシーンを全体的・総合的に俯瞰し，エネルギーの最適利用を地域レベルで実現する。CEMSが実現する新しい社会インフラは，幅広い技術・製品群の上に構成されることが想定される。例えば，電力系統，需要家，再生可能エネルギーにかかわる分散電源，蓄電等の各要素をパワーエレクトロニクス技術とICTによって最適に制御する新しい技術が求められている。以下では，このようなCEMSを制御するための技術と，実証実験による実例について紹介する。

5.2 CEMS制御

地域のエネルギーマネジメントでは，省エネ・省コスト，ピークカットなどを実現するように電力や熱の需要と供給のバランスを計画・制御することが必要となる。このような需給制御を実現するEMS技術は，大きく予測機能，需給計画機能・需給制御機能の3機能から構成される。また，CEMSを実現するためにはデマンドレスポンスや各EMSを統合するためのICTも必要となる。本章では，これらの機能について説明するが，予測・計画の詳細は2章，3章，ならびに文献(2)を参照されたい。

5.2.1 需要予測・再生可能エネルギー予測機能

需給運用の基本は予測値に基づく計画であり，一般的に回帰分析モデルに基

5.2 CEMS 制御

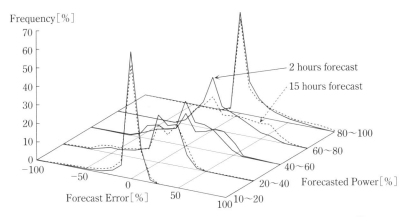

図 5.2.1　再生可能エネルギーの予測値と精度の関係(WT の場合)[3]

づく需要予測を用いる。需要と同様に，太陽光発電(PV)や風力発電(WT)等の再生可能エネルギーの予測も重要となる。電力会社の系統のように大きな系統では需要予測精度は約 2 ％程度といわれているが，CEMS が対象とする地域単位では，需要のばらつきやイベントによる需要の変化が大きくなる。図 5.2.1 に風力発電の予測値と予測誤差の関係を示す。図中縦軸は度数，右軸は出力予測値，左軸は予測誤差であり，特に予測値が中間程度の場合に予測誤差の分布がなだらかで予測誤差範囲が広いことが分かる。CEMS では予測値のみではなく，予測誤差範囲も合わせて需給運用に活用することが重要である。

5.2.2　需給計画・需給制御機能

　地域系統の制御可能な分散型電源が存在する場合，その運用が省エネ・省 CO_2 実現に不可欠となる。需給運用においては，発電機の起動台数が少ないほど運用コストを低減できるが，少なすぎると需要を賄うことができなくなるというリスクが増加する。このため，需給計画では将来の発電機の起動停止状態が最適となるよう決定する。この需給計画は，図 5.2.2，ならびに(5.2.1)式に示すような二重構造の最適化問題として定式化することができる。外側の問題は火力・揚水発電機の起動停止状態(離散値)を制御変数とし，各種の運用制約のもとで発電コストが最小となる運転状態を決定する。内包される問題は運

第5章　CEMS

転中とされた各発電機出力を制御変数とし，需要と供給のバランスを保つという制約条件の元で発電コスト最小となる出力(連続値)を決定する。

$$\text{minimize} \sum_{g \in G, t \in T}(a_g P_{gt}^2 + b_g P_{gt} + c) + \sum (W \times Vio.) \quad (5.2.1)$$

Pg, t：時刻 t における発電機 g の出力
(a_g, b_g, c_g)：各発電機の燃料係数
Vio：各制約条件の違反量，W は重み係数

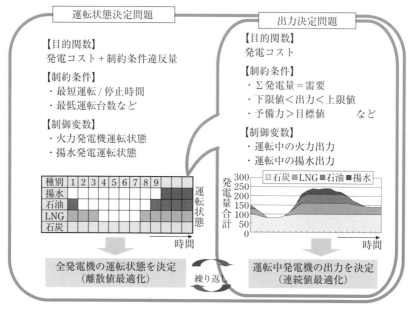

図5.2.2　需給制御問題の構造[4]

CEMSが扱う小規模な需要や再生可能エネルギーなどの不確定要素が含まれる場合を考える。従来の確定的な需給計画では，想定される予測誤差の範囲を予備力・下げ代として制約条件として扱い最適化問題を解いている。しかし不確定要因が多い場合に同様のことを行うと，例えば再生可能エネルギー導入量と同量の予備力・下げ代を確保する必要があり，非常に不経済な運用となる可能性がある。このようなケースでは，図5.2.3ならびに(5.2.2)式に示すような統計情報に基づいた確率的な需給計画の定式化が有効となる。図に示す

ように,需要予測や再生可能エネルギーのさまざまな予想値に対して確率分布を考慮し,目的関数として燃料コストの期待値を用いる。このような確率的手法を用いることにより,リスクを回避しながら経済的な需給運用を実現することができる。

$$\sum_{s \in S} \left[\sum_{g \in G, t \in T} (燃料費_{g,t}) + 違反量 \right] \times 確率_s \qquad (5.2.2)$$

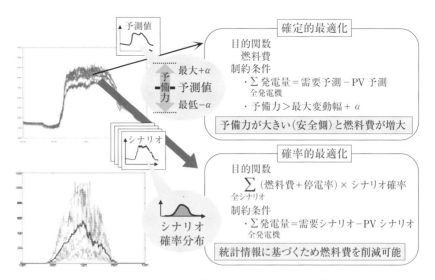

図 5.2.3 確定的な需給計画と確率的な需給計画[5]

5.2.3 デマンドレスポンス技術

震災以降,電力需給逼迫時の電力消費を抑えるために,デマンドレスポンスを活用したピークカットが注目されている。デマンドレスポンスとは米国で導入された考え方で,「系統信頼性の低下時または卸市場価格の高騰時において,電気料金価格の設定またはインセンティブ(対価)の支払に応じて,需要家側が電力の使用を抑制するよう電力消費パターンを変化させること」と定義される。地域のエネルギーマネジメントでも市場価格高騰時にデマンドレスポンス活用による省エネ・経済性の向上が期待できる。

しかし,現在実験的に運用されている需給ひっ迫時の負荷抑制を目的としたデマンドレスポンスでは,様々な電力事情を持つ電力消費者に対し節電対価が

事前かつ一律に設定されている。そのため，必要な抑制量が確保できずに電力需給逼迫が解消できないことや，経費節減が達成できないこと，あるいは，過剰な節電要請による社会活動への影響が発生するといった事態が考えられる。そこで時々刻々と変化する発電コストや電力市場価格を反映して適切な節電対価の決定を実現するデマンドレスポンスに対応した需給制御技術について説明する。

ビルや工場のような大規模電力消費者は，それぞれが時間ごとに異なる節電可能量と希望対価を電力事業者に通知する。デマンドレスポンス対応需給制御システムでは多数の電力消費者からの情報を集約し，全体としての節電量および対価を予測し，電力消費者全体に対する節電要請量を，その時々の電力消費者の節電余力と希望対価に応じて最適配分する（図5.2.4）。これにより，電力事業者は節電量の不足による電力需給逼迫の解消失敗や，過度の節電による社会活動への影響を回避が期待できる。

季節や曜日・昼夜など時間ごとに変化する発電コストや電力取引市場価格を参照に，発電所での発電量，電力取引市場で売買する電力量，節電量および節電対価を（5.2.2）式で表現される事業利益を最大化する[6]。

$$事業利益[円] = DR応答量[kWh] \times DR効果[円/kWh] \qquad (5.2.2)$$

図5.2.4を用いて説明する。左辺第1項のDR応答量は，一般的に報酬単価の増加に従いDR応答量は増加する。一方，左辺第2項の事業者における市場調達量を抑制するDRの効果は，単価を上げるほど小さくなり，市場調達価格と一致した時点で0となる。したがって，右辺の事業利益はこれら両者をかけ合わせることで，最適値が存在する上に凸のカーブとなり，これを需要家にインセンティブとして示せばよいことが分かる。

このようなDRの活用により，電力事業者は電力供給コストを抑え，電力消費者は社会活動への影響を与えることなく節電対価を得られる。このデマンドレスポンスは需要逼迫時や市場価格上昇時のみでなく，電力の余剰時にも活用できる。

5.2 CEMS 制御

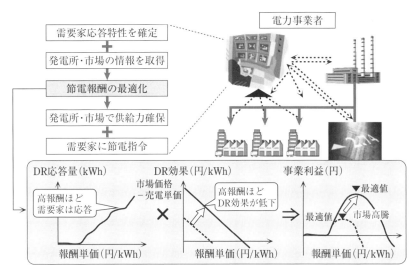

図5.2.4 市場価格を考慮したデマンドレスポンス[6]

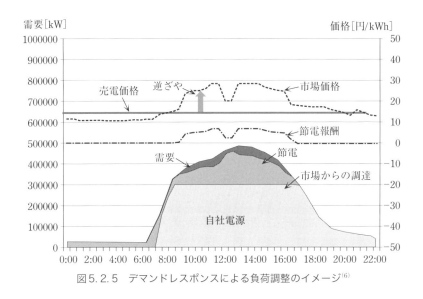

図5.2.5 デマンドレスポンスによる負荷調整のイメージ[6]

5.2.4 EMS のための ICT 基盤技術

地域のエネルギーマネジメントを行うには，多種多様な情報を収集し，適切に管理，監視することが求められる。このようなオンラインデータの収集，管

理機能は従来の SCADA (Supervisory Control And Data Acquisition) 同様，監視制御システム基盤上のアプリケーションとして実現される。これによって，時々刻々と変化するオンライン・データを様々なアプリケーションで共有することができる。また，現状では，CEMS の制御対象は，例えば空調設備などの機器や BEMS など様々なものが想定され，システム構成や制御周期もそのシステムの目的によって異なる。これら様々な制御対象，システム構成に対応したアプリケーションを効率的に開発し，動作させるためにエネルギーマネジメント基盤がある。エネルギーマネジメント基盤はアプリケーションのインタフェースやデータ構造の共通化，機能拡張性，処理フロー制御の容易性等を考慮して構成される。

また，CEMS によって管理されたエネルギー情報を見える化サービスとして地域内の需要家に提供し，需要家の省エネルギー意識の向上を促すことができる。このようなエネルギーデータの適切な活用のため，CEMS は，地域や各需要家の情報をインターネットブラウザ上にグラフなどを用いて分かりやすく表示するためのユーザーインタフェース基盤，地域のエネルギー状況を分析するためのデータ処理基盤，需要家のプライバシーを守るためのセキュリティ基盤等を組み合わせて構成される。

5.3 CEMS の実証

本節では，経済産業省の「次世代エネルギー・社会システム実証事業」の選定を受け，2010年度から開発，実証に取り組んでいる「けいはんなエコシティー次世代エネルギー・社会システム実証プロジェクト(以下けいはんな PJ)」について紹介する[7]。

5.3.1 けいはんな PJ の概要

けいはんな PJ 実証を行っているけいはんな学研都市(正式名：関西文化学術研究都市)は，京都府，大阪府，奈良県にまたがる丘陵地に位置しており，実証地域は，京都府の2市1町からなるエリアである(図5.3.1)。

5.3 CEMS の実証

図 5.3.1　けいはんな PJ 実証エリア[7]

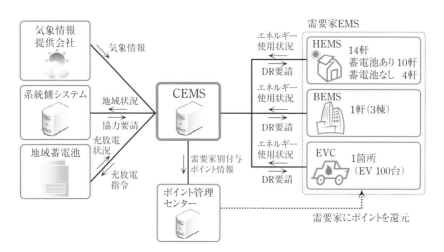

図 5.3.2　けいはんな PJ におけるデマンドレスポンスの仕組み[7]

　本実証の目的は，新しく開かれた地域をモデルとし，電力系統と連携しつつ，需要家のエネルギー使用の効率化と再生可能エネルギーの有効活用を行う CEMS を開発し，その有効性を実証することである．需要家は，家庭部門の HEMS(Home EMS)，業務部門の BEMS(Building EMS)，運輸部門の EV 管理センター(EVC：Electric Vehicle charging management Center)の 3 つからなり，これらを「需要家 EMS」と称する．本実証では，主にデマンドレスポンスが

第5章 CEMS

ピークカット・ピークシフトなどの省エネ行動に与える影響を評価した。今回構築したシステムにおけるデマンドレスポンスの仕組みを図5.3.2に示す。

5.3.2 CEMSにおけるデマンドレスポンス実証

CEMS事業モデルにおけるデマンドレスポンス(以下DR)として,「電力需給調整モデル」と「ピークカットモデル」を想定した。各モデルの比較を表5.3.1に示す。

電力需給調整モデルの運用は小売事業者を想定しており,1日を30分単位の48時コマの電力使用量の同時同量制御を行う。このため,CEMSでは市場価格が高いときは需要を削減,安いときには需要促進するように需要調整すれば事業収益の改善が期待できる。このためCEMSでは需要家EMSの需要計画,DR応答性,市場価格に基づいて,コストを低減できるように電力使用量の目標を設定し,インセンティブと目標を提示して,需要家EMSにDRを要請する。その結果,需要家EMSに対して実績と目標の一致度に応じてインセンティブを支払う。本稿では,電力需給調整モデルにおいて,電力使用量目標と実績を一致させて,インバランス料金を最小化するための手法を提案し,提案手法の検証結果について述べる。

表5.3.1 CEMSモデルの比較[7]

事業モデル	想定事業者	目的,機能
電力需給調整モデル	小売事業者	●需要削減または需要促進により,実績を目標に一致させる ●市場価格と売電価格の差額を原資とする ●目標と実績の一致度に応じて,需要家EMSにインセンティブを付与 ●インバランス最小化により収益向上
ピークカットモデル	アグリゲータ	●系統要請による需要削減 ●系統からの協力金を原資とする ●計画(ベースライン)からの削減量に応じ,需要家EMSにインセンティブを付与

5.3.3 CEMS機能の概要
(1) CEMS全体の流れ

CEMSにおけるDR実証の概要について説明する。図5.3.3にDRを含む需給運用の流れを示す。

本実証では，CEMSと需要家EMSが連携しながら計画を行う。すなわち，需要家EMSは翌日の電力使用量計画，DR要請に対する調整可能量をCEMSに送信する(翌日計画)。CEMSは全需要家EMSの翌日計画を収集して，電力会社の系統運用を模擬した系統側システムに送信する。CEMSは太陽光発電の余剰電力抑制対策や需給逼迫時の需要抑制対策などの系統側システムからの要請を受けて地域目標を策定する。次に，地域目標を満たすように，調整可能量の範囲内で，各需要家EMSに目標を配分し，需要家EMSにDR目標とインセンティブ情報(インセンティブ上限)を提供して，DR要請を行う。インセンティブ上限値と地域目標は，電力取引市場価格と売電価格から，事業者，需要家の双方にとってメリットが最大となるように，時間帯ごとに策定している。本CEMSでは，このような仕組みにより，地域全体でのエネルギー利用の効

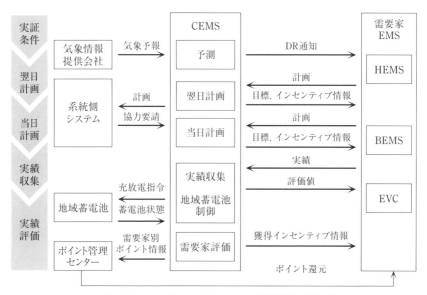

図5.3.3 けいはんなPJにおける需給運用の流れ[7]

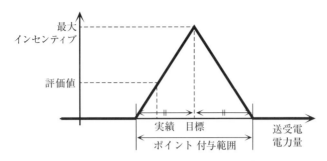

図5.3.4 インセンティブの計算方法[7]

率化と電力需給の安定化を図っている。

(2) デマンドレスポンスの活用

需要家に対するDR要請は，図5.3.4に示すように，CEMSにて需要家EMSごとに評価値を算出して，DR要請に対する追従率を評価する。本実証では，過去のDR要請に対する追従率の高い需要家に対してより多くのDR要請を行う仕組みを設けている。また，実際のインセンティブの給付も，DR要請に対する追従率に応じてポイントを付与している。当日になって気象状況の変化により需要家の電力消費量が変化する可能性がある。この場合であっても同時同量を実現するために，需要家からの計画変更を受け付けたのちにDR要請量の変更を行う。

5.3.4　CEMS実証結果

2013年の実証における電力需給調整モデルの検証結果について紹介する。今回の実証に用いた市場取引価格，売電価格，ならびにDR要請に対する最大インセンティブの例を図5.3.5に示す。ここでは夏季の平均的な取引価格として，2012年8月1日の日本卸電力取引所(JEPX)スポット市場のシステムプライスを用いた。図に示すように，売電価格よりも市場価格が高い場合はインセンティブが正となり需要抑制方向の，市場価格の方が安い場合はインセンティブが負となり需要促進方向のDRを行う。

図5.3.6に2013年8月5日の地域全体の需要計画の合計(計画)，調整可能量，CEMSにて算定した需要目標，ならびに各需要家の調整可能量合計を示

5.3 CEMS の実証

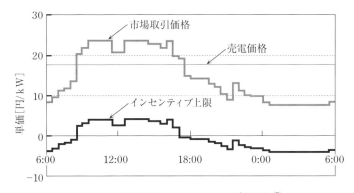

図 5.3.5　取引価格とインセンティブの関係[7]

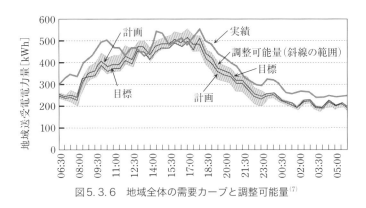

図 5.3.6　地域全体の需要カーブと調整可能量[7]

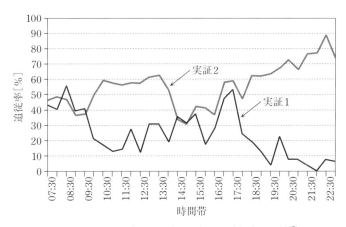

図 5.3.7　DR 要請量配分方式に対する追従率の比較[7]

す。図に示したように，この例では，昼間の時間帯(8：30〜17：30)は計画に対して5％の需要抑制を，それ以外の時間帯については5％の需要促進によるピークシフトをDR要請量としている。

需要家EMSに対するDR要請量の配分方法については，追従率を考慮しない実証1と追従率を考慮して優先配分する実証2の両者を比較した。その結果，実証2は実証1に比べて追従率が約35％高いという結果が得られた。実際に得られた追従率の例を図5.3.7に示す。

以上のように，けいはんな学研都市での実証試験において，CEMSにおけるDRの効果を最大化するための方策として，需要家EMSごとのDR要請量配分の最適化を検証した。その結果，追従率を考慮した目標配分により，地域全体でのDR要請に対する追従率を向上できることが確認できた。

＜参考文献＞

(1) 鈴木浪平ほか，"地域ネエルギーマネジメント技術(CEMS)"，三菱電機技報，Vol. 86, No. 12, pp. 11-14(2012)
(2) 小島康弘，"スマートグリッド／スマートコミュニティを支えるEMS技術"，計測と制御，Vo. 53, No. 1, pp. 56-61(2014)
(3) 小島康弘ほか，"蓄電池による風力発電安定化システムの事業性検討"，電気学会論文誌，Vol. 128-C, No. 2, pp. 191-198(2008)
(4) 小島康弘ほか，"マイクログリッド向け需給制御機能の開発と実証検討"，電気学会論文誌，Vol. 128-B, No. 2, pp. 429-436(2008)
(5) Y. Kojima, "Optimalvol tageand power balance control for microgrid", IEEE PES, Microgrid control(2014)
(6) 佐野正裕ほか，"スマートグリッド実証報告(その1)，電力取引・需給制御と連携したデマンドレスポンスシステム"，電気学会B部門大会(2014)
(7) 坂上聡子ほか，"けいはんな地域エネルギーマネジメントシステムの開発"，システム制御情報学会論文誌，Vol. 28, No. 5, pp. 181-188(2015)

第6章

BEMS

6.1 BEMSの概要

6.1.1 BEMSの目的

　ビルのエネルギー管理システム（BEMS：Building Energy Management System，以下，BEMSと略す）は，ビルの安全で快適な環境の維持とともに，省エネルギーを図り，ビルの運営管理の効率化を目的とするシステムである。ここで，「ビル」とは建築基準法で規定される事務所，デパート・スーパー，ホテル・旅館，病院，学校，展示施設等の「住宅以外の建築物」を指すものである。建築基準法では，この「住宅以外の建築物」を「建築」と呼び，「建築」内の快適性，安全性等を実現する設備機器を「建築施設」と呼ぶ。又，エネルギー管理，関連する規制などにおいては，事務所ビル等の住宅以外の建築物を非住宅と呼ぶ。非住宅には工場等の事業所を含むが，ビルと言う場合は一般的に工場を除く[1],[2],[3]。

　BEMSはビル内の各種設備機器を監視・制御し，ビル設備全体を有機的に最適制御する。即ち，BEMSは空調，照明，電気，衛生，昇降機，防災・防犯等の各設備を個別に最適制御するとともに，関係する設備機器の連携制御により，ビル設備全体を統合的に監視・管理する。空調設備を例に挙げれば，冷凍機，冷温水搬送ポンプ，空調機，送風機，流量調節弁，温度センサ，湿度センサ等からなる空調設備を監視・制御し，ビル内の快適な空調環境を提供するとともに，入退室管理設備と連動し，無人の居室の空調を自動的に止める等の省エネルギー制御を行う等，ビルを全体として統括管理する。

　BEMSはビル居住者，ビルオーナ，ビル管理者それぞれにメリットを与える。ビル居住者には安全・安心・快適な居住環境の提供はもとより，業務の効率化，創造性の向上，多様化するワークスタイルに適合した環境を提供する。このため，居室の空調・照明制御とともに，情報機器への安定した電源供給，ネットワーク接続，24時間空調等，ビル設備の最適運転を行う。ビルオーナにはビルの利便性，快適性，安全性，省エネルギー性の向上によりビルの高付加価値化を果たし，優良テナントの確保とともに，テナントの要望に応える柔軟なビルの運用支援を行う。特に，ビルの運用実績情報を活用した無駄なエネルギー削減，最適な設備機器の運転等による省エネルギー計画や，設備機器の

故障，劣化情報等を基にしたビル保全計画の立案はビルの維持管理コストの低減に寄与するものである。又，ビル設備の運用を行うビル管理者には設備の一元的監視，管理による管理業務の効率化，省力化は管理コスト低減及び，設備機器の異常発生時の迅速，適切な対応等を支援するものである。さらに，BEMSは，これらステークホルダの共通な社会的課題である地球環境問題に対応したビルのエネルギー消費量の削減，CO_2等の温室効果ガスの削減等を実現するという注目すべき機能を有する。

6.1.2 BEMSの定義

日本では空気調和・衛生工学会がBEMSを「室内環境とエネルギー性能の最適化を図るためのビル管理システム」と定義している[4]。空気調和・衛生工学会の定義によるBEMSの提供機能を表6.1.1に示す。空気調和・衛生工学会はBEMSを表6.1.1の全てのシステム機能を包含するものとしている。このなかで，ビル設備機器の監視・制御機能等の中央監視機能（BAS：Building Automation System，以下BASと略す）を基本BEMSと呼び，これに省エネルギーやビル環境管理機能（EMS機能：Energy Management System機能）を加えたものを拡張BEMSと呼ぶ。又，設備の保守支援機能（BMS機能：Building Management System機能）を拡張BEMSに追加したものを高級BEMS，さらに，ビル経営の観点からビル群管理機能や資産管理機能（FMS機能：Facility Management System機能）を有するものを統合化BEMSと呼ぶ。一方，独立行政法人新エネルギー・産業技術総合開発機構（New Energy and Industrial

表6.1.1 BEMSを構成するシステム

名　称	主な機能
ビルディングオートメーション （BAS：Building Automation System）	設備状態監視，警報監視，スケジュール制御，自動制御
エネルギー環境管理システム （EMS：Energy Management System）	エネルギー管理，室内環境管理，設備運用管理
設備管理支援システム （BMS：Building Management System）	設備台帳管理，修繕履歴管理，保全管理，課金管理
施設運用支援システム （FMS：Facility Management System）	資産管理，図面管理，ライフサイクル，マネージメント

第6章　BEMS

Technology Development Organization，以下，NEDOと略す）はBEMSを室内環境，エネルギー使用状況を把握し，室内環境に応じ各種設備機器等の運転管理により，エネルギー消費量削減を図るためのシステムと定義している。

海外では，国際標準化機構／技術委員会205（International Organization for Standardization/Technical Committee 205，以下，ISO/TC 205委員会と略す）にて，委員会テーマである「建築環境設計，Building Environmental Design」の一環で，①室内環境設計，②省エネルギー建築設計，③ビル制御システム設計が審議された。その結果はISO 16484「ビル制御システム設計，Building Control System Design」として纏められた[6]。ここで，BEMSはビル自動制御システム（BACS：Building Automation and Control System，以下BACSと略す）として規定された。このBACSは日本の空気調和・衛生工学会のBASの範囲だけでなく，統合BEMSと同義であると考えられる。ISO 16484はBACSを自動制御（インターロックを含む），監視，最適化，人的操作，ビル設備機器の省エネルギーで経済的・安全な運転操作を達成するための管理を目的とするシステムと全ての製品・エンジニアリングサービスと定義している。

以下，空気調和・衛生工学会によるEMSの範囲を指してBEMSとして使われることもあるが，BEMSの定義の全体範囲を指し，BEMSということとする。

空気調和・衛生工学会によるBEMSのシステム構成を図6.1.1に示す。

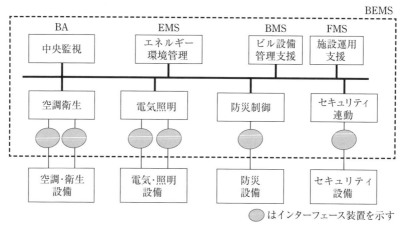

図6.1.1　空気調和・衛生工学会によるBEMSシステム構成

6.2 BEMSの機能とシステム構成

6.2.1 BEMSの機能

BEMSの機能例を表6.2.1に示す。基本BEMSにあたるBASの機能の充実が進む一方，近年，BEMSでもWeb技術が活用され，ビル設備管理者だけでなく，ビルオーナや居住者テナントも，BEMSの機能を利用するようになり，空調の温度設定や時間外空調運転の申請，エネルギー使用量の取得等をWebブラウザでテナントに開放するシステムが増えている。

表6.2.1 BEMSの機能一覧

機能の目的	機能分類	機能内容
居住者の利便性向上	ユーザサービス	機器・環境情報表示，屋外環境表示，お知らせ表示，会議室予約，時間外空調運転，エネルギー消費情報表示
ビル環境の快適化，省エネルギー	空調最適制御	設定値スケジュール制御，一括設定，冷温水搬送水温度設定，空調最適起動停止，熱源最適起動停止，外気取入れ制御，間欠運転制御，季節切換え制御，節電運転制御，搬送ポンプ変流流量制御
	電気，照明連動制御	自家発運転順次投入制御，復電制御，電力デマンド制御，履歴管理，自家発負荷配分制御，力率改善制御
	共通制御	カレンダ制御，プログラム制御，プログラム一括制御，スケジュール合成，イベントプログラム制御
ビル内安全性の確保	防災機能	火災時空調停止制御，火災警報監視
	防犯機能	出入管理，出入履歴管理，他システム連動，ITV連動
	監視機能	機器状態監視，警報監視，発停失敗監視，管理点詳細表示，火災警報監視，計測上下限偏差監視，連続運転時限監視
	オペレータ支援機能	警報発生強制表示，管理点個別スケジュール表示設定，未確認警報一覧，画面予約/検索，警報インストラクション，警報音声メッセージ，電子マニュアル
ビル設備の保守管理支援	データ管理機能	運転時間/回数積算，日・月・年報，トレンド/ヒストリカルグラフ，警報履歴，操作/状変履歴，ユーザデータ加工，長期データ保存，時間外空調運転申請，論理/数値演算，エネルギー分析/予測
	設備管理機能	機器台帳，保守点検スケジュール，修繕履歴，集中検針，保全予算管理，消耗品予算管理，施設予約，完成図書管理

6.2.2　BEMSのシステム構成

　BEMSのシステム構成イメージを図6.2.1に示す。BEMSを構成するハードウェアは一般に，センタ装置とリモート装置，入出力装置からなる。センタ装置はビル設備の運転状況，警報・計量値の表示，停止・設定操作，各種データの保存・解析等を行うサーバやビル管理者の操作端末等からなる。リモート装置は空調機器や照明機器等の機器を制御するコントローラである。入出力装置は温度センサや電力量計のような計測機器，アクチュエータ等からなる。コントローラは制御機能を個別機器側に持つ分散制御形態が多い。これはシステムの一部の不具合や機能停止の影響がシステム全体やサブシステムに及ぶことを避ける危険分散と，システムの機能拡張や変更等の際，他のサブシステムやコントローラ等への影響を小さくするためである。

　センタ装置とリモート装置の情報の授受を行う基幹ネットワークにはインターネットプロトコル（Internet Protocol，IPプロトコルと略す）を用いたネットワークが使われることが多い。空調や照明のようなサブシステムとセンタ装置の通信だけでなく，コントローラや入出力装置も，IPプロトコルのネットワークに対応してきており，ネットワークに直接，リモート装置が接続されるフラットな構成が可能である。

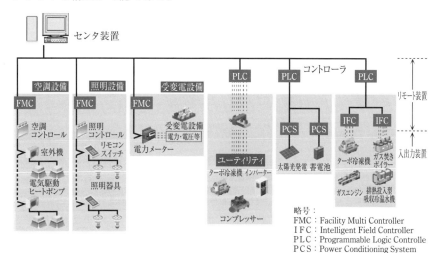

図6.2.1　BEMSのシステム構成イメージ

6.2.3 BEMSの標準化

BEMSの標準化には①設備制御系通信ネットワーク及び通信プロトコル，②調達におけるベンダーを限定しないマルチベンダー環境，③空調制御アプリケーションの開放性，④運転データ情報の収集及び，そのデータベースの開放性等，多様な観点がある。ここでは，省エネルギーや快適環境確保等の観点から，BEMSを構成するネットワークを中心に解説する。

BEMSの標準化動向において，A Data Communication Protocol For Building Automation and Control Networks[7],[8],[9]（以下，BACnet™と略す）とLocal Operating Network for Works[10]（以下，Lonworksと略す。Lonworksは米国Echelon社の登録商標）のビル設備監視制御用ネットワーク位置付けは大きい。これらを採用したBEMSの事例は1997年頃に試行開始され，2000年頃に実用化の段階に至った。本格普及は所謂2003年問題が叫ばれ，超高層ビルが大量に新築された時期である。これ以降のビルには殆どBACnet™やLonworks等のオープンな通信プロトコルが採用されている。その後，情報技術（Information Technology, ITと略す）の進化に伴いユビキタスコンピューティングと建築との融合によるシーズ先行型で様々な提案がなされている。

BEMSに用いられる通信は，IPプロトコル上に，標準的なBEMS用プロトコルを使うことが増えている。IPプロトコルはISOにより制定されたネットワーク構造の設計方針OSI（Open systems interaction）の第3層（ネットワーク層）に位置するものである。これら標準プロトコルの採用により，メーカーの依存性の減少及び，システムの選択肢の拡大が進み，配線の統合や競争原理によるコスト低減が進んでいる。また，IPプロトコル等標準プロトコルの採用により，ネットワークが階層化され，無線等の新たな技術が出現した場合，第1層と第2層等の変更だけで，ネットワークに接続する際の影響を小さくしている。

これらネットワーク技術の標準化とともに，BEMSの幹線ネットワークではBACnet™の普及が世界的に進んでいる。BACnet™は，米国暖房冷凍空調学会（American Society of Heating, Refrigerating and Air-Conditioning Engineers, 以下，ASHRAEと略す）により作成，規格化（ASHRAE Standard 135）され，ISOで標準化されたビル管理システム用の通信プロトコルである。異なるメーカー

第6章 BEMS

の製品を相互接続することを目的に，空調，防犯・防災，照明，昇降機，電力等の設備及び，これらを統括制御するビル管理システムで共通して使用可能な"共通語・公用語"として設計されたものである。例えば，空調設備と照明設備は異なるメーカーとなることが多いが，BACnet^{TM}を用いることで，BEMSではデジタル形式の入出力機器として同じデータ構造と通信手順により操作することが可能となった。

また，BEMSの監視制御対象となる設備機器のセンサ，アクチュエータを接続するために使われる通信プロトコルとして，メーカー独自プロトコルやシーケンサで使われているプロトコルの以外に，オープンなプロトコルとして，Lonworks等がある。LonworksはLONMARK協会にて，標準通信仕様を定め，入出力機器間の相互接続を図っている。また，シーケンサで使われているフィールドバス（DevicenetやMODBUS, CC-Link等）が使われることもある。照明機器のスイッチ間通信，パッケージ空調機の室内機と室外機間通信等ではオープンなプロトコルではなくメーカ独自のデファクトスタンダードなプロトコルが使用される例も多い。このような場合，BACnet^{TM}とLonworksとやシーケンサ，メーカー独自のプロトコルとを変換，接続するゲートウェイを使用することもある。

BEMSの通信がIPネットワークに対応したことにより，BEMSの単独のネットワークでなく，情報系システムやIP電話等の他システムとネットワークを共用することも増えている。光ファイバやルータ，フロアスイッチ等ビル情報通信インフラのハードウェアを共有し，BEMSや事務処理用コンピュータ，IP電話，監視カメラ等が同じネットワークを利用することもある。これにより信頼性確保のため，ネットワークの二重化やバックアップ電源の設備を個々のシステムで構築するよりも費用を減らすことができる。

6.3 ビルのエネルギー管理

6.3.1 エネルギー消費量の実績管理

ビルのエネルギー管理はエネルギー消費実績を把握，分析し，これを元にし

て，エネルギー消費目標を設定し，省エネルギー対策を実施し，さらに，その対策の実施効果を検証することで行われる。エネルギー消費量の実績把握，分析には，ビルのエネルギー源とその使用用途の区分に応じ，できる限り詳細且つ，正確に実績を管理することが有効である。

6.3.2　エネルギー消費量の把握方法
(1)　使用されるエネルギーの種類
　エネルギー消費量の把握の基本は，ビルで使用するエネルギー種別毎の実績把握である。一般にビルで使用されるエネルギー源は，電力，ガス（都市ガス・LPG 等），油（重油・灯油等），地域熱源（冷水・温水・蒸気等）がある。エネルギー消費量の把握に先立ち，ビルで使用されているエネルギー種別を把握することが必要である。

(2)　一次エネルギー消費量への換算
　石油・石炭・天然ガス等を原料とする化石燃料，ウラン等の原子力燃料及び，水力・太陽・風力等自然から得られるエネルギーを「一次エネルギー」と言い，これらを変換・加工・精製して得られるエネルギーを「二次エネルギー」と言う。

　ビルで使用されるエネルギーの多くは二次エネルギーである。二次エネルギーは，その変換過程で同じエネルギー量を得るために使用される一次エネルギー量が異なる。そのため，ビルで使用される二次エネルギーの消費量はそれを生成するために使用された一次エネルギー消費量に換算し評価することが一般である。

6.3.3　ビルの総エネルギー消費量の把握と省エネ制御
(1)　エネルギー種類別のエネルギー消費量
　ビル内の使用エネルギーはビル毎にエネルギー源が異なり，又，多くの場合，複数のエネルギー源が使用されている。このため，ビルのエネルギー消費量の管理は，総エネルギー消費量の把握が基本となる。このとき，電力，ガス，油，地域熱源等の個々のエネルギー源は，それぞれ[kWh][Nm³][ℓ]

[MJ]等異なる計量単位で取引される。それらを一次エネルギー消費量に換算し，同一単位のエネルギー消費量として合算し，ビルの総エネルギー消費量として管理することが必要である。あるビルで使用された各種エネルギーの一次エネルギー換算値を合計した総一次エネルギー消費量を，それぞれのエネルギー種類別比率で表した例を図6.3.1に示す。実績把握により，総エネルギー消費量の大きさとエネルギー種類別の消費比率を把握することは，省エネルギー対策にて，削減対象とするべきエネルギー源の選択や削減効果が全体に与える影響の推定等に活用することができる。

(2) 消費先別エネルギー消費量

　総エネルギー消費量を把握することは需要側の視点から見て，どの設備にどれだけエネルギーが使われているか即ち，設備別エネルギー消費量を把握することである。ビル内のエネルギー消費の例を図6.3.2に示す。総エネルギー消費量の消費先別内訳を把握することで，エネルギー消費量の大きい用途やそれに関わる設備を特定することができ，省エネルギー制御を優先的に行うべき対象を決めることができる。しかし，消費先区分とエネルギー供給系統が一般に一致しておらず，的確な把握が困難である。従って，現実的には「消費先別エネルギー消費量」ではなく，「系統別エネルギー消費量」を把握する方がよい場合がある。系統別にエネルギー消費量を把握するには，各系統にどんな消費先があるか，系統図等で理解した上で結果を解釈する必要がある。なお，消費先別エネルギー消費量を把握する際に，計量されないエネルギー量を部分的な

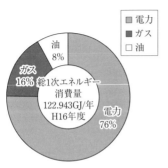

図6.3.1　総1次エネルギー消費量における種類別比率

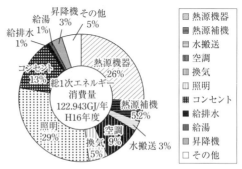

図6.3.2　総1次エネルギー消費量における消費先別比率

期間のみ計量を行うことから推定することも有効な手段であり、計画的に実施するべき取り組みである。

(3) エネルギー消費原単位の管理

ビルで使用される総エネルギー消費量の実績値を把握、分析することは、省エネルギーを目指したエネルギー管理の基礎となる。総エネルギー消費量管理だけでは実績値を比較評価する上で、以下の不備がある。

① 実績値との比較では気象、運用等の条件の変動要素を加味、評価できない。
② 実績値の大小を他のビルと単純に比較評価することができない。

従って、これらの対応として、ビルのエネルギー管理では「エネルギー消費原単位」の管理が必要となる。ここで、エネルギー消費原単位とは変動要素を加味した評価や他のビルとの比較評価を可能とするため、総エネルギー消費量を生産数量又は、ビル床面積等のエネルギーの使用量と密接な関係を持つ値で除したエネルギー消費量の単位量である。

(4) エネルギー消費延床面積原単位

一般に、ビルでは延床面積が変動する増改築が行われることは希であるため、この指標はエネルギー消費に関わる変動要素を加味した評価という原単位管理の目的では満足ゆくものでない。特定のビルでは延床面積原単位を過去の実績と比較評価に、総エネルギー消費量そのもの床面積原単位を採用するのは

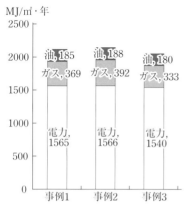

図6.3.3 延床面積原単位のエネルギー消費例

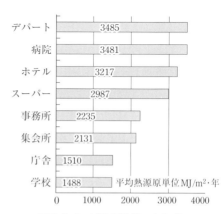

図6.3.4 ビル用途別エネルギー

下記理由からである。
① どんなビルでも容易に算出でき，他のビルの実績値と比較可能とする。
② 変動要素を加味した評価にはエネルギー消費原単位を定義，運用することが難しい。

図6.3.3にエネルギー消費延床面積原単位の管理例，図6.3.4ビル用途別エネルギー消費延床面積原単位を示す。このような実績管理を行うことで，総エネルギー消費量の推移評価に加え，実績値を他のビルと比較評価することが可能となり，ビルのエネルギー消費量の実績値の同種ビルと比較した統計的な大小や，エネルギー消費量の削減余地を把握することができる。

(5) エネルギー消費原単位管理ツールによるエネルギー消費量推定と管理

気象条件やビル運用条件の違い等の変動要素を加味した評価に，殆ど無効な延床面積原単位に対し，これら変動要素を入力条件に含めた理論計算や統計データを組合せビルのエネルギー消費量を推定するツールが「エネルギー消費原単位管理ツール」である。このツールはエネルギー消費量を用途別に算出し，又，エネルギー種類別の集計を行い，エネルギー種類別消費量や用途別エネルギー消費量に相当する推定結果を出力するものである。

(6) 時間当たりエネルギー消費量の把握

一般に，エネルギー消費量は期間消費量により，その実績管理や実態把握が行われることがある。それは，エネルギーの商取引が基本的に期間消費量に基づいており，エネルギー消費量の実績管理も商取引の根拠となる使用量を流用していることが多いからである。エネルギーの商取引の根拠となる使用量は実績も月毎に管理されている。しかしながら，現実には期間消費量だけではビルのエネルギー消費の実態を十分に把握することは難しい。特に，月別消費量はそれぞれの期間において，暦上の日数や休日の含まれ方等の違いが含まれているが，それらの要素を考慮した上で月別消費量の大小を評価している例は少ない。このような状況のなか，BEMSの普及によりエネルギー消費量の実績を毎時毎に記録し，実績を管理・把握することが可能となった。このようなBEMSの計測データを活用することで，エネルギー消費量を月毎等の期間消費実績量だけでなく，いつどれだけ使われたか等，時間的な側面から捉えるこ

6.3 ビルのエネルギー管理

とが可能となっている。

(7) 機器・システムのエネルギー消費量の把握

ビルの総エネルギー消費量をエネルギー種類別や用途別，系統別に期間消費量及び，時間当りの消費量の視点から把握することで，ビルのエネルギー消費の実態を把握できる。さらに，これらの実態把握に加え，設備機器のエネルギー消費量を把握できれば，それらの運用実態が分かり，エネルギー消費上の改善余地を見出すことができる。BEMSによる設備の日報データや部分的な期間計量により，設備のエルギー消費量の把握を行うことは，省エネルギー制御の実施対象を見出す上で非常に有効である。これらエネルギー消費実態把握を元に行われる省エネルギー制御を表6.3.1に示す。

表6.3.1　省エネルギー制御

省エネ手法の分類	制御対象，制御	制御内容
センサ，省エネ機器利用による省エネ	ファンインバータ	ファン変風量制御による動力負荷削減
	ポンプインバータ	ポンプ圧力制御による動力負荷削減
	外気取入れ	CO_2基準対応外気取入れ制御により空調負荷低減
自然エネルギー有効利用	外気冷房	外気冷房制御による冷水熱量削減
	照明調光，点消灯	昼光による調光，点消灯制御により照明負荷削減
	ナイトパージ	夜間外気による室内空気置換により空調負荷削減
運転パラメータの設定最適化による省エネ	温熱感指標制御	人間の温熱感指標(PMV)を用い空調の最適制御を行い空調負荷削減
	給気温度制御	機器消費エネルギー最小化を行う給気温度制御
	送水圧力制御	バルブ開度とポンプ送水圧力の可変最適制御
運転方式の最適化による省エネ	空調機・ファン間欠	温度，CO_2値等による空調機の間欠運転制御
	空調機最適起動	ビルに合せた空調起動時間制御
	熱源最適運転	当日の熱負荷予測に応じた熱源機の最適運転制御
	熱源蓄熱運転	翌日の熱負荷予測により熱源機の蓄熱運転制御

第6章　BEMS

建築物の省エネルギー制御の中心は空調機の最適運転である。表6.3.1に示した省エネルギー制御の空調機の運転パラメータの最適設定，運転方式の最適化の何れも，図6.3.5に示すように，建築物の外部からの日射及び，建築物内の人，OA機器からの熱による建築物内の熱量を空調機の運転により，除去又は，供給させ，居住者に最適な環境を提供するものである。

建築物内の熱量変化は下記のように表すことができる。

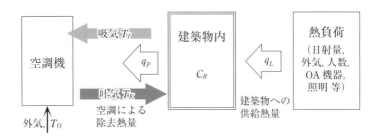

図6.3.5　空調機による建築物内省エネルギー制御

室温変化率； $\dfrac{dT_R}{dt} = \dfrac{1}{C_R}(q_L - q_P)$ 　　　　　　　　　　（6.3.1）

室温変化； $T_R(t) = \left(T_0 - \left(T_{P0} + \dfrac{q_L}{k}\right)\right)\exp\left(-\dfrac{q_L}{k}t\right) + \left(T_{P0} + \dfrac{q_L}{k}\right)$ 　（6.3.2）

設定条件
　　q_L：居室に供給される熱量
　　C_R：居室熱容量
　　k ：PACフィールドバック係数(PACの空調風量，換気風量などによる)
　　q_P：空調で除去される熱量
　　T_S：設定温度，T_I：吸込温度，T_0：外気温，T_R：室温

6.4 省エネルギー基準とエネルギー性能表示

6.4.1 省エネルギーの管理指標

ビルの省エネルギー管理指標として，年間熱負荷係数(PAL：Perimeter Annual Load Factor，以下 PAL と略す)とエネルギー消費係数(CEC：Coefficient of Energy Consumption，以下 CEC と略す)がある。

PAL は建築計画や外皮設計(断熱材の厚さやガラスの仕様等)の断熱性能に関わる省エネルギー性能を評価する指標であり，CEC は設備設計に関する省エネルギー性能を評価する指標である。ここでいう外皮とは屋根／外壁／外床／開口部の建築部位を指す。

省エネ法等のビルの省エネルギー基準では，ビルの外壁，窓等を通した熱の損失の防止に関して，PAL を用いて判断することを要請している。ここで，PAL でいうペリメータとは，「周辺，外周」を指すものであり，建物の周辺からどのくらい熱が出入りしているか即ち，断熱性能を示す指標である。

$$\mathrm{PAL} = \frac{\text{屋内周囲空間(ペリメータゾーン)の年間熱負荷(MJ/年)}}{\text{屋内周囲空間(ペリメータゾーン)の床面積(㎡)}} \quad (6.4.1)$$

ここで，屋内周囲空間とは外壁・窓等を通し外部の影響を受けるビル内部空間のことである。具体的には，①ビル周囲部分の壁から5mの距離までの空間，②屋根直下の階の屋内空間，③外気に接する床の直上の空間を指す。また，熱負荷とはビル用途毎に決められた空調の標準的な運転時間における壁・窓からの貫流熱＋日射熱＋周辺部分での発生熱量＋換気による熱負荷の年間積算値である。計算された PAL 値が小さいほど断熱性能が高く，省エネ性に優れたビルであると言える。

PAL はビルの計画・設計段階に使用される指標で，ビルの周囲環境から影響を受けるペリメータゾーンの省エネルギー性能が，どの程度達成されているかを評価・確認できることから，ビルの新築・増改築時に，その値をできるだけ小さくすることが，省エネルギーの対策として重要となる。この計算段階では，ビルの使用状況や使用方法は考慮に入れず，純粋にビルの省エネルギー性能が評価できるように注意することが必要である。一般の事務所ビルでは，

PALの値は300 MJ/㎡・年が標準的である。

PALの値を小さくするため，様々な手法がビルの計画・設計段階に採用されている。その例を表6.4.1に示す。

CECはPALが建築物の省エネ性を計る数値であるのに対し，設備のエネルギー利用効率を評価する省エネルギー性能の指標である。CECは対象とする設備(空調，換気，照明，給湯，エレベータ)毎に規定されているが，考え方はPALと同様である。例えば，空調では年間空調消費エネルギー量は空調設備が一年間に消費するエネルギーの量を示し，空調設備の定格入力と年間運転時間を掛けて算出される。一方，年間仮想空調負荷はビル用途や立地等を考慮した空調負荷の想定値の積算値である。PAL同様，設備の省エネルギー性能が高いほどCECも小さくなる。

表6.4.1　PAL性能を向上させる手法例

対象部位	具体的手法
屋上	①屋上スラブの断熱処理　②屋上植栽，緑化
外壁	①外壁の断熱性能向上(断熱材・外壁材) ②壁面緑化・ダブルスキン構造
窓	①日射遮断性能向上(庇設置・ブラインド内蔵窓・熱線反射ガラスフィルム) ②窓の断熱性能向上(2重窓・断熱サッシ) ③高断熱／遮熱複層ガラスサッシ ④窓面積の縮小 ⑤ベンチレーション窓　⑥窓の気密性能向上
ペリメータゾーン	①ゾーニングの工夫(最上階の非居住化・両サイドコアの採用) ②外光導入による照明電力負荷軽減
ドア	①風除室，回転ドア・エアカーテン

CECは以下に示す5つの建築設備毎に，その措置が定められている。

- 空気調和設備[CEC/AC]：効率の高い熱源，適切な制御方法等

$$\text{CEC/AC} = \frac{\text{年間空調消費エネルギー量}}{\text{年間仮想空調負荷}} \quad (6.4.2)$$

- 空気調和設備以外の機械換気設備[CEC/V]：適切な搬送計画，制御方法等

$$\text{CEC/V} = \frac{\text{年間換気消費エネルギー量}}{\text{年間仮想換気消費エネルギー量}} \quad (6.4.3)$$

- 照明設備［CEC/L］：適切な配置，昼光利用等の照明制御等

$$\mathrm{CEC/L} = \frac{年間照明消費エネルギー量}{年間仮想照明消費エネルギー量} \tag{6.4.4}$$

- 給湯設備［CEC/HW］：効率の高い熱源，配管の断熱等

$$\mathrm{CEC/HW} = \frac{年間給湯消費エネルギー量}{年間仮想給湯負荷} \tag{6.4.5}$$

- 昇降機［CEC/EV］：必要な搬送能力に応じた設置計画等

$$\mathrm{CEC/EV} = \frac{年間エレベータ消費エネルギー量}{年間仮想エレベータ消費エネルギー量} \tag{6.4.6}$$

CECの値を小さくするための手法を表6.4.2に示す。

表6.4.2 CEC値を小さくするための手法

CEC種別	対策対象	手法
CEC/AC	外気導入系統	①外気導入量の適正制御（CO_2濃度連動） ②外気冷房，ナイトパージ
	熱源機器	①複数台数分割による効率運転 ②コジェネレーション，廃熱回収システム ③蓄熱システム，エコアイス
	空気搬送系統	① VAV（変風量） ②ダクト経路短縮，ダクト断熱，ダクト漏気防止
	冷温水搬送系統	① VWV（変水量），台数制御
CEC/V	空気環境設定条件	①CO_2濃度，室温，汚染状況の検知による換気量制御
	空気搬送系統	①ダクト内圧力損失低減
CEC/L	機器高効率化	①高効率光源，照明器具導入，内装材の反射率向上
	機器点滅／制御	①照明器具の点滅制御及び，適正照度制御
CEC/HW	給湯熱源系統／機器	①廃熱利用，太陽熱利用設備，高効率ボイラ等の導入
	給湯搬送系統	①循環ポンプの効率制御，給湯温度の適正化 ②適切なゾーニング計画，搬送系統の断熱化
CEC/EV	建築計画，EV計画	①建築計画時のEV計画パラメータ整合性検討
	EV制御	①建築物の動線計画に合致した制御方法導入

6.4.2 省エネ法とは

「エネルギーの使用の合理化に関する法律」（以下，省エネ法と略す）が，石油危機を契機に1979年（昭和54年）に制定された。省エネ法は内外におけるエ

第6章　BEMS

ネルギーをめぐる社会経済的環境に応じた燃料資源の有効な利用の確保に資するため，工場・事業場等のエネルギーの使用の合理化に関する所要の措置等を講じ，経済の健全な発展に寄与することを目的とするものである。この省エネ法の一部改正が，2013年（平成25年），「エネルギーの使用の合理化に関する法律の一部を改正する等の法律案」の公布により，実施された。

省エネ法律改正の背景には，日本の経済発展のため，エネルギー需給の早期安定化が不可欠であり，供給体制の強化が急務であることがある。このため，需要サイドにおいて，持続可能な省エネ推進の観点から，省エネ法が改正され，次のような措置が講じられた。

① 建築材料等に係るトップランナー制度の創設；改正以前のトップランナー制度はエネルギーを消費する機械器具が対象であった。本改正では，自らエネルギーを消費しなくても，住宅・ビルや他の機器等のエネルギー消費の効率向上に資する製品が新たにトップランナー制度の対象に追加された。具体的には，建築材料等（窓，断熱材等）が想定され，これにより，企業の技術革新を促し，住宅・建築物の断熱性能の底上げが意図されている。

② 電力ピークの需要家側における対策；需要家が従来の省エネ対策に加え，蓄電池やエネルギー管理システム，自家発電等の活用によって，電力需要ピーク時の電力使用低減の取組みを行った場合，これをプラスに評価できるものとなった。具体的には省エネ法の努力目標の算出方法が見直された。

③ 建築物と住宅の省エネ基準の一本化；これまで住宅・建築物の省エネ基準は，外皮の断熱性と個別設備毎の性能を別々に評価していた。本改正では一次エネルギー消費量を指標とし，建物全体の省エネ性能を評価する基準に一本化した。これまでビルの建築設備を設備毎に評価していた設備システムエネルギー消費係数（CEC）は適用されなくなった。また，省エネ法に基づく工場，事業場における判断基準では，エネルギー消費原単位を基準に，中長期的に，年平均1パーセント以上の低減を目標とすることが定められた。

④ 建物用途毎に設定されていた基準を室用途や床面積に応じ評価；これまで，地域や用途毎に判断基準が設定されていたが，ビルを構成する室用途

6.4 省エネルギー基準とエネルギー性能表示

に応じ，単位床面積あたりの基準一次エネルギー消費量が地域毎に規定された。

省エネ法による事業者の義務を以下の表6.4.3に示す。

また，図6.4.1に示すように，省エネ法ではビルのエネルギー消費量の算定

表6.4.3 省エネ法による事業者の義務

年間エネルギー使用量 （原油換算 kl）		1500 Kl/年以上	1500 kl/ 年間未満
事業者の区分		特定事業者，特定連鎖化事業者*	―
事業者の義務	選任すべき者	エネルギー管理統括者，エネルギー管理規格推進者	―
	遵守すべき事項	判断基準の遵守(管理標準の設定，省エネ措置の実施等)	
事業者の目標		中長期的に年平均1%以上のエネルギー消費原単位削減	
行政によるチェック		指導・助言，報告徴収・立入検査，合理化計画の作成指示(指示に従わない場合，公表・命令)等	―

＊特定連鎖事業者：コンビニエンスストア等のフランチャイズチェーンも同様に事業全体でのエネルギー管理を行わなければならない。フランチャイズチェーン本部が行っている事業について，約款等の取り決めで一定の要件を満たしており且つ，フランチャイズ契約事業者(加盟店)を含む企業全体の年間の合計エネルギー使用量(原油換算値)が1,500kL以上であれば，フランチャイズチェーン本部がその合計エネルギー使用量を国へ届け出て，特定連鎖化事業者の指定を受けなければならない。また，エネルギー管理指定工場の指定については，これまで同様に一定規模以上のエネルギーを使用する工場・事業場等は，エネルギー管理指定工場の指定を受けることとなる。

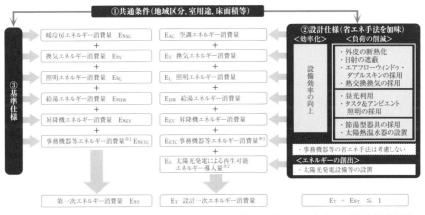

*1 事務・情報機器等のエネルギー消費量(空調対象室の機器発熱参照値から推計。建築設備に含まれないため，省エネルギー手法は考慮せず，床面積に応じた同一の標準値を設計一次エネルギー消費量及び基準一次エネルギー消費量の両方に使用する。)
*2 コージェネレーション設備により発電されたエネルギー量も含まれる。

図6.4.1 非住宅建築物の一次エネルギー消費量算定フロー

第6章　BEMS

評価は，一次エネルギー消費量の評価対象となる建築物に対し，共通条件の下，設計仕様で算定した値(設計一次エネルギー消費量)を基準仕様で算定した値(基準一次エネルギー消費量)で除した値が1以下となることを基本としている。

6.4.3　エネルギーシミュレーション
(1)　エネルギーシミュレータ

エネルギーシミュレーションは，建築物及び，その建築設備の企画設計，性能検証から検収，運転管理等の段階において，建築物及び，その建築設備のエネルギー性能，そこからもたらされる室内環境を解析，評価するツールである。

この建築物及び，その建築設備のエネルギー性能の評価検証は，建築物の熱負荷，エネルギー消費量等の予測から建築物の最大熱負荷等提計算し，建築物内のゾーニング，空調機器等の建築設備の最適容量設計等支援するとともに，エネルギー性能評価から継続的省エネルギー施策，建築設備の最適制御等の運用を支援するものである。また，建築物内の室内環境の動特性評価，空調機器等のシステム制御系の安定性評価を行うものである。

代表的なエネルギーシミュレータを表6.4.4に示す。

表6.4.4　代表的なエネルギーシミュレータ

項	名　称	特　徴
1	DOE-2 [11]	米国エネルギー省主体に開発された建物のエネルギーシミュレータで，建物の空調負荷，空調システムの挙動と，それに伴うエネルギー消費，ライニングコストの解析が可能である。システム仕様や制御手法等は使用者が設定でき，空調システムの感度解析が可能である。
2	Eergy plus [12]	米国イリノイ大学，カリフォルニア大学及び，ローレンスバークレイ国立研究所により開発されたエネルギーシミュレータである。建物外皮，ゾーン計算や各種空調機器等のモジュール化されている。
3	HASP/ACSS [13], [14]	建築設備技術者協会が空気調和・衛生工学会で開発した動的熱負荷計算プログラムを元に開発した空調システムシミュレーションである。空調システムの年間エネルギー消費量の予測とともに，室内の温度，湿度の状態及び，除去熱量等を求めることができる。
4	LCEM [15], [16] Life Cycle Energy Management	国土交通省が建物の検収時のエネルギー性能評価を目的に開発した空調システムシミュレータである。オブジェクト指向のシミュレータであり，空調機器の特性に合せ，オブジェクトの作成ができる。

6.4 省エネルギー基準とエネルギー性能表示

| 5 | BEST [17],[18] Building Energy Simulation Tool | 建築環境・省エネルギー機構により開発された建物全体のエネルギー消費量を算定できるエネルギーシミュレータである。(詳細は次節に記す) |

　以下，本表の項番5に示すエネルギーシミュレーションツール(Building Energy Simulation Tool 以下，BEST と略す)について解説する。

(2)　BEST の機能と特徴

　省エネ法に規定されるエネルギーの使用の合理化義務に対応し，ビルの建築主，所有者は，ビルがエネルギーの使用上，効率的であることを示す計算が必要である。この計算を行うツールとして，エネルギーシミュレータ BEST が(一財)建築環境・省エネルギー機構(Institute for Buildind Enverironment and Energy Conservation，以下 IBEC と略す)により提供されている。

　この BEST は，「エネルギーの使用の合理化に関する建築主等及び特定建築物の所有者の判断基準(平成25年経済産業省・国土交通省告示第一号)」に示されるビルの一次エネルギー消費量の算定方法に則り，ビルの一次エネルギー消費量を算定することができるプログラムとされている。即ち，BEST により，省エネ法の非住宅建築物の省エネルギー基準である外皮の断熱性能(前出の年間熱負荷係数 PAL)と設備のエネルギー性能(一次エネルギー消費量)を個別に算出するとともに，建物全体で一体的な省エネルギー性能を評価することができるものとなっている。

　BEST は，建築物(外皮・躯体)の熱性能や空調，照明等の設備機器の省エネ性能を評価するエネルギーシミュレーションツールであるとともに，建築物，設備機器の設計段階における省エネルギー検討支援のためのツールを指向したものである。

　又，所謂，事務所ビル，工場を含む非住宅から住宅を包含したエネルギーシミュレータとなっている。

　このため，BEST は，建築物の熱負荷の動特性，設備機器の制御特性だけでなく，建築物と一体化した空調，照明等の設備機器の連携及び，設備機器の相互作用等の解析，評価することを可能としている。これにより，建築物全体のエネルギー消費量をシミュレーションし，ピーク負荷，ピーク電力を低減する

ための技術検討を可能とするだけでなく，再生可能エネルギーの導入等を含めた低炭素化を検討し，省エネ基準の達成や低炭素建築物の認定に活用することができる。

BESTの特徴は下記である。
① 建築物の外皮性能(PAL相当)と設備機器のエネルギー効率(CEC相当)等の省エネルギー性能データを計算，省エネルギー計画書を作成支援する。
② 建築物と設備機器の単独及び，連携(連成)による熱負荷が計算できる。(建築物の特定ゾーンの空調条件を入力することで建築単独計算)
③ 建築物の内部発熱や設備機器の運転時間等の建築・設備の運転条件は省エネ法の「標準運転条件」と整合したデフォルト値の使用とカスタマイズが可能である。
④ 日本国内の拡張アメダス気象データが利用可能である。
⑤ 設備機器及び，窓材，壁材等のモジュール化，データベースを活用，その組合せ又は，予め容易されたテンプレートによってシミュレーション可能である。
⑥ 温熱放射環境や温熱間等温熱環境評価が可能である。
また，ブラインドのスラット角制御，照明調光制御等の効果を評価可能である。
⑦ 建築物全体の最大熱負荷，エネルギー消費量，CO_2排出量等を算出できる。共通な入力データで最大熱負荷，年間熱負荷，エネルギー消費量の計算できる。
⑧ 給水システムでの使用水量，雨水利用システムでの水槽水位変動，給湯システムでの給湯エネルギー消費等の計算が可能である。

(3) BESTによるビルのモデル化とシミュレーションアルゴリズム

BESTシミュレーションの対象となるビル全体の構造(壁体構造，外表面，軒高，外部日除け，部材等)，ビルの運用スケジュール(年間／週間スケジュール，時刻変動，休日指定等)，気象情報(アメダス情報等)，ビルの空間情報(ゾーン／室，空調・照明などの設備情報，窓，人体等)等からビル及び，設備機器のモデル化を行っている。

6.4 省エネルギー基準とエネルギー性能表示

ビル外部からの熱移動評価を例に挙げれば，壁面積，壁部材による日射吸収率，長波放射率等及び，気象情報等からシミュレーションが可能となっている。

このとき，ビル内の空調対象となる室と，ならない室の区分，空調対象となる室内のペリメータエリアの設定等，ゾーン間の相互影響の評価が可能なように，ビルの構造，設備機器等をモジュール化，オブジェクト化し，XML (Extensible Markup Language) 形式で表記，接続し，計算できるようになっている。また，年間時刻別な計算を可能とするために気象情報が1分値で整備されつつある。

BESTのエネルギーシミュレーションのアルゴリズムは，建築物の内部を複数のゾーン(事務室，機器室，廊下等)に分け，ビル外部，ビル内の複数のゾーン間及び，空調，照明等の建築設備との熱平衡式を解くことで行われる。

ゾーン i の熱平衡式を以下に示す。

$$\underbrace{C\frac{d\theta_i}{dt}}_{\substack{空気\\の蓄熱}} = \underbrace{K_o(\theta_o-\theta_i)}_{\substack{外気\\の影響}} + \underbrace{K_j(\theta_j-\theta_i)}_{\substack{隣接ゾーン\\jの影響}} + \underbrace{F}_{\substack{発熱等}} + \underbrace{q}_{\substack{空調\\供給熱}}$$

$$\underbrace{\phantom{C\frac{d\theta_i}{dt} = K_o(\theta_o-\theta_i) + K_j(\theta_j-\theta_i) + F + q}}_{空気に与えられた熱}$$

$\theta_i, \theta_j, \theta_o$：ゾーン i, j の室温，外気温
t：時間，K_o, K_i：係数，C：空気熱容量 　　　　　　(6.4.7)

BESTでは，建築物が空調されない建築物単独のエネルギーシミュレーションは上記熱平衡式の左辺を後退差分で表し，現在の自ゾーン及び，隣接ゾーンの室温を未知数として，多数のゾーンの熱平衡式を連立させて解いている。これをインプリシット法と呼ぶ。

$$C\underbrace{\frac{(\theta_{i,n}-\theta_{i,n-1})}{\Delta t_n}}_{現在と前時間ステップの室温差による蓄熱} = K_o(\theta_{O,n}-\theta_{i,n}) + K_j(\theta_{j,n}-\theta_{i,n}) + F_n + q_n$$

未知数は，現在の室温か空調熱量

　　n：現在の時間ステップ，Δt：計算時間間隔
　　$\theta_i, \theta_j, \theta_o$：ゾーン i, j の室温，外気温
　　C：空気熱容量，K_o, K_i：係数，F：定数，q：空調熱 　　(6.4.8)

第6章　BEMS

また，建築物が空調される空調機器と建築物の連携が必要な場合，空調機器が不連続な現象を有するため，4次のルンゲクッタ法を使用し，現在の室温，空調機器の状態値を既知として，次の時間ステップの状態値を求めている。これをエクスプリシット法と呼ぶ。

$$\underbrace{C\frac{(\theta_{i,n+1}-\theta_{i,n})}{\Delta t_n}}_{\text{次ステップと現在の室温差による蓄熱}} = \overbrace{K_O(\theta_{O,n}-\theta_{i,n}) + K_j(\theta_{j,n}-\theta_{i,n}) + F_n + q_n}^{\text{与えられた熱}}$$

未知数は，次ステップの室温
＊BESTは上式（オイラー法）ではなく，ルンゲクッタ法を利用

n：現在の時間ステップ，Δt：計算時間間隔
$\theta_i, \theta_j, \theta_O$：ゾーン i，j の室温，外気温
C：空気熱容量，K_O, K_i：係数，F：定数，q：空調熱　　　　（6.4.9）

この場合，計算時間間隔を短くとる必要があるが，その結果，外乱や空調機器の供給熱に対する室温応答を詳細に把握できるようになる。

このように，BESTでは，建築物の空調状態に応じて，解法を切換えている。

6.4.4　建築環境総合性能評価システム（CASBEE）

ビルの環境性能を評価し，ビルの格付けする手法に，建築環境総合性能評価システム（Comprehensive Assessment System for Built Environment Efficiency，以下，CASBEEと略す）がある。これは，省資源・省エネルギー等の環境負荷削減や景観や音環境への配慮を含み，環境品質を総合的に評価するものである。

CASBEEの特徴は，建築物の環境に対する様々な側面を客観的に評価する目的から，①建築物のライフサイクルを通じた評価ができること，②「建築物の環境品質（Q）」と「建築物の環境負荷（L）」の両側面から評価すること，③「環境効率」の考え方を用いて新たに開発された建築物の環境性能効率（Built Environment Efficiency，以下BEEと略す）で評価するという3つの理念に基づいて開発されていることである。

6.4 省エネルギー基準とエネルギー性能表示

(1) 二つの評価分野

CASBEEは，敷地境界等により定義される「仮想境界」で区分された内外二つの空間それぞれに関係する二つの要因，即ち「仮想閉空間を越え，その外部（公的環境）に達する環境影響の負の側面」と「仮想閉空間内における建物ユーザの生活アメニティの向上」を同時に考慮し，建築物における総合的な環境性能評価を行う。この仮想閉空間の概念を図6.4.2に示す。CASBEEではこれら二つの要因を主要な評価分野，「建築物の環境品質Q」，「建築物の環境負荷L」を，次のように定義し，それぞれ区別して評価する。

Q（Quality）：「仮想閉空間内における建物ユーザの生活アメニティの向上」の評価

L（Load）　：「仮想閉空間を越え，外部（公的環境）に達する環境影響の負の側面」の評価

ここで，環境性能効率（BEE，Building Environmental Efficiency）は，以下の計算式により求められる。環境負荷が小さく，品質・性能が優れているほど評価が高くなる。

$$建築物の環境効率(BEE) = \frac{Q(建築物の環境品質)}{L(建築物の環境負荷)} \tag{6.4.10}$$

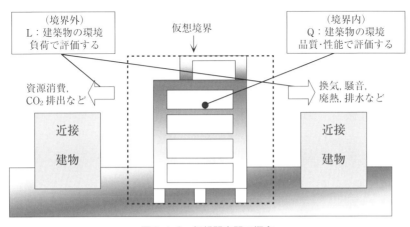

図6.4.2　仮想閉空間の概念

第6章 BEMS

(2) CASBEEで評価対象として選んだ4つの主要分野とその再構成

CASBEEの評価対象は，①エネルギー消費(energy efficiency)，②資源循環(resource efficiency)，③地域環境(outdoor environment)，④室内環境(indoor environment)の4分野である。この4分野は，概ね前述の国内外の既存評価ツールと同等の評価対象となっているが，必ずしも同じ概念の評価項目を表現するものではなく，同列に扱うことが難しい。従って，この4分野の評価項目の中身を整理して再構成する必要が生じた。

その結果，評価項目は図6.4.3に示すようなBEEの分子側Q(建築物の環境品質・性能)と分母側L(建築物の外部環境負荷)に分類された。そして，QはQ1：室内環境，Q2：サービス性能，Q3：室外環境(敷地内)の3項目に分けて評価し，Lは，L1：エネルギー，L2：資源・マテリアル，L3：敷地外環境の3項目で評価する。

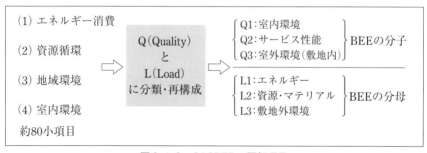

図6.4.3　CASBEEの評価項目

(3) 環境性能効率(BEE)を利用した環境ラベリング

BEEを用いることにより，建築物の環境性能評価の結果をより簡潔・明確に示すことが可能になる。Qの値が横軸のLに対して縦軸にQがプロットされる時，グラフ上にBEE値の評価結果は原点(0,0)と結んだ直線の傾きとして表示される。Qの値が高く，Lの値が低いほど傾きが大きくなり，よりサステナブルな性向の建築物と評価できる。この手法では，傾きに従って分割される領域に基づいて，建築物の環境評価結果をランキングすることが可能になる。グラフ上では建築物の評価結果をBEE値が増加するにつれて，Cランク(劣る)からB－ランク(やや劣る)，B＋ランク(良い)，Aランク(大変良い)，

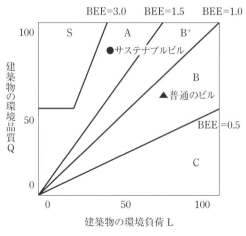

図6.4.4　BEEに基づく環境ラベリング

Sランク(素晴らしい)としてランキングされる(図6.4.4)。

6.5　ビルのエネルギー消費の実態

6.5.1　ビルのエネルギー消費量調査

　(一社)日本ビルエネルギー総合管理技術協会は会員会社の管理するビル約900棟を対象に1回／年，エネルギー消費量等の調査を実施している。調査項目は，①建物諸元，②設備諸元，③運用状況，④エネルギー消費量に関する情報である。

　電力，油，ガス，水の消費量に関する情報は，月単位の買電電力[Kwh/月]，油[ℓ/月]，ガス[m³/月]，水道[m³/月]に加え，常用自家発電電力量[Kwh/月]である。また，該当年度の年間最大電力の発生日，その電力値，冷暖房の運転期間が調査されている。調査項目を下記する。

① 建物諸元：主要用途(事務所，デパート・スーパー，店舗・飲食店，ホテル，病院，学校，マンション，その他)，所在地(都，道，府，県)，延床面積(m²)，空調対象面積(m²)，竣工年月・改修年月(西暦)，階数(地上，地下)

第6章　BEMS

② 設備諸元：冷温熱源設備種別・容量(ボイラ，冷凍機，発生機，ヒートポンプ，蓄熱槽，その他)，電気設備(変圧器，モータ容量，自家発電設備)，その他設備(受水槽)
③ 運用状況：電気設備(契約電力，受電電圧，最大電力)，空調設備(設定温度，空調期間，空調時間)，省エネ対策実施状況，ビル改修・設備更新履歴
④ 各種エネルギー消費量：電力消費量(kWh，平成24年度の月別消費量及び，合計)，油の消費量(ℓ)(平成24年度の灯油，重油等の種別毎に月別消費量及び，合計)，ガスの消費量(m^3)(平成24年度の月別消費量及び合計)，水道消費量(m^3)(平成24年度の月別消費量及び合計)，地域冷暖房(MJ)(平成24年度の冷水，温水，蒸気毎に月別消費量及び合計

また，(財)建築環境・省エネルギー機構の非住宅建築物環境関連データベース検討委員会が，非住宅建築物のエネルギー消費量データベース[19]Database for Energy Consumption of Commercial Building，以下，DECCと略す)を使用し，同様な調査，分析を行っているものがある。

6.5.2　エネルギー消費量の算定

ビル毎に消費エネルギー種別の構成が大きく異なる電力・油・ガス・水道の消費量を単に比較するのみでは相違が大き過ぎ，エネルギー消費量の比較評価が難しい。よって，各ビルから調査されたエネルギー消費量のうち，電力・油・ガスのそれぞれの年間又は，月間の消費量を，単位延床面積[m^2]当りの消費量，即ち[Kwh/m^2・年]，[ℓ/m^2・年]，[MJ/m^2・年]として，これを建物用途別に集計，比較している(表6.5.1および図6.5.1)。

「ビルのエネルギー原単位」は，電力・油・ガスの熱量換算した一次エネルギーの値の総和を延床面積で割った値[MJ/m^2・年]とし，比較評価されている。

ここで行われた分析結果により，一次エネルギー原単位の比較評価が可能である。即ち，比較対象のビルのエネルギー消費量と，この分析結果の建物用途別の年間一次エネルギー消費量と一次エネルギー原単位の平均値と単純平均値の表6.5.1中の値とを比較し，比較対象ビルが平均値より多いか少ないかで

6.5 ビルのエネルギー消費の実態

表6.5.1 総エネルギー消費量及び,原単位比較

建物用途	年間総消費量(GJ)		原単位(MJ/㎡・年)	
	(9.83 MJ 換算)	(9.76 MJ 換算)	平均値①	平均値②
事務所	8,581,131	8,528,016	1,457	1,448
デパート・スーパー	2,397,671	2,382,277	2,444	2,428
店舗・飲食店	1,945,840	1,933,308	2,143	2,129
ホテル	1,717,529	1,709,092	2,275	2,263
病　院	3,725,685	3,707,956	2,952	2,938
学　校	902,760	897,478	1,422	1,414
マンション	145,298	144,305	1,749	1,737
集会所	145,007	144,256	1,180	1,174
教育・研究施設	772,100	767,813	2,515	2,501
文化施設	706,876	703,003	1,240	1,233
スポーツ施設	209,101	208,080	1,201	1,195
福祉施設	209,583	208,584	809	805
電算・情報	1,407,527	1,397,947	7,200	7,151
分類外	2,916,826	2,898,703	1,390	1,381
全建物	25,782,935	25,630,818	1,810	1,800

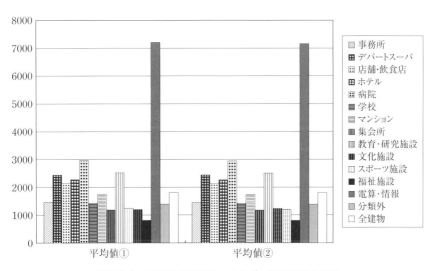

図6.5.1 建築物用途別総エネルギー消費原単位比較

評価を行うこととなる。

「少ない」評価となった場合は，現状の平均より省エネルギー化が進んでいると考えられ，「多い」評価となった場合は省エネルギーの余地があると考えられることとなる。省エネルギーの余地がある場合はビル用途別エネルギー使用量の算定等や各種の詳細な診断を行う必要がある。

事務所ビルを対象にエネルギー種別毎の消費量及び，原単位を分析した結果を表6.5.2に示す。ここで行われた分析項目の内容は以下である。

① 延床面積：提出された全資料数の延床面積の合計
② 有効延面積：有効資料における延床面積の合計
③ 平均値：合計消費量（有効）÷合計延床面積（有効）
④ 単純平均値：ビル毎の消費量÷ビル毎の延床面積の合計を有効資料数で割ったもの
⑤ 平均値①：電力換算計数を9.83 MJ/KWhとした場合の平均値

表6.5.2 事務所ビルのエネルギー別消費量及び, 原単位

			電気	ガス	油	総エネルギー
延床面積		㎡	8,595,315	8,595,315	8,595,315	8,595,315
有効延床面積		㎡	5,891,262	4,605,417	1,080,494	5,891,262
合計消費量		MJ/年	7,405,765,897	1,051,570,349	70,679,529	8,528,015,774
		—	758,787,489	23,311,234	1,870,148	*
原単位	平均値	MJ/㎡·年	1,257	228	65	1448
		—	129	5.06	1.73	*
	単純平均	MJ/㎡·年	1,169	191	126	1304
		—	120	4.25	3.31	*
	原油換算	ℓ/㎡·年	32.4	5.9	1.7	37.3
	CO_2換算	$KgCO_2$/㎡·年	58.9	6.0	1.0	65.9
標準偏差		MJ/㎡·年	533	162	91	540
相関係数		r	0.93	0.84	0.12	0.94
最小二乗法 Y＝aX＋b		a	1,479	306	5	1,787
		b	－3,350,611	－1,450,879	1,440,310	－5,119,929

Y：エネルギー消費量
X：延床面積

⑥　平均値②：電力換算計数を 9.76MJ/KWh とした場合の平均値
⑦　標準偏差：消費量のばらつき度合いを示す
⑧　相関係数：二変数間の関係の深さを知るための尺度
⑨　最小二乗法：延床面積を知ることにより消費量を予測する

また，本分析ではビルの1次エネルギー原単位の表記を以下としている。
（ビルの年間1次エネルギー消費量）［MJ/年］
　＝（電力の1次エネルギー換算値）［MJ/年］
　　＋（ガスの換算値電力）［MJ/年］＋（油の換算値）［MJ/年］　　　（6.5.1）
（ビルの1次エネルギー原単位）［MJ/㎡・年］
　＝（ビルの年間1次エネルギー消費量）［MJ/年］÷（延床面積）［㎡］

(6.5.2)

ビルの年間エネルギー消費原単位は，ビルの用途種別即ち，事務所，デパート・スーパー，ホテル・旅館，病院，学校，展示施設等により異なる。しかし，年間エネルギー消費原単位を目的変数Yとする下記の重回帰式で説明する検討がされた。

$$Y = \Sigma a_i \times X_i + b \tag{6.5.3}$$

ここで，Y：年間エネルギー消費原単位（1次エネルギー換算）［MJ/㎡・年］
　X_i：説明変数，a_i：回帰係数，b：定数項

エネルギー消費量の分析の結果から，ビルの所在地域，竣工年度，用途種別との相関はあるものの，ビルの規模を示す床面積との相関は大きいことが分った。重回帰分析（最小2乗法）による分析結果を図6.5.2に示す。

第6章　BEMS

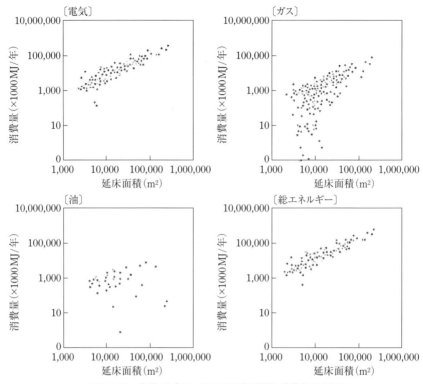

図6.5.2　事務所ビルにおける延床面積と消費量の相関

＜参考文献＞

(1) 「非住宅建築物に係る省エネルギー性能の表示のための評価ガイドライン(2013)」，国土交通省
(2) 「省エネ関係情報法令集　エネルギーの使用の合理化に関する法律」，省エネルギーセンター，http://www.eccj.or.jp/law06/
(3) 「平成25年省エネルギー基準(平成25年9月公布)等」，建築研究資料 No.152. (2013)
(4) 「環境・エネルギー性能の最適化のための BEMS ビル管理システム」，(一社)空気調和・衛生工学会，(2001)
(5) 「ビルの省エネガイドブック」，ECCJ 省エネルギーセンター
http://www.eccj.or.jp/audit/build05/index.html

(6) ISO 16484-1〜6：2010 Building automation and control systems(BACS)：(Project specification and implementation ほか)
(7) ASHRAE/ANSI Standard　135-2012 BACnet® A Data Communication Protocol for Building Automation and Control Networks
(8) IEIEJ-G-0006：2006BACnet ガイドライン，電気設備学会(2006)
(9) IEIEJ-P0003：2000 アデンダム，電気設備学会(2004)
(10) Lonworks/Lontolk ANSI/EIA709.1-A-1999
(11) DOE-2
 http://www. eren. doe. gov/buildings/tools_directory/
(12) Eergy Plus Web サイト
 http://apps1.eere. energy. gov/buildings/energyplus
(13) 空調システム標準シミュレーションプログラム　日本建築設備士協会 HASP/ACSS/8502 プログラミングガイド，プログラム解説書(1986)
(14) HASP/ACSS HASP 公開(動的熱負荷計算・空調システム計算プログラム) (一財)建築設備技術者協会
 http://www. jabmee. or. jp/news/2012-0403_2285.php
(15) LCEM　ライフサイクルエネルギーマネジメントツール公開，国土交通省　官庁営繕課
 http://www. mlit. go. jp/gobuild/sesaku_lcem_lcem. html
(16) 時田繁，松縄堅，丹羽英治ほか "ライフサイクルエネルギーマネージメントのための空調システムシミュレーション開発　第1報"，空気調和・衛生工学会大会学術講演論文集，pp. 1957-1960, (2005)
(17) 「BEST 平成25年省エネ基準対応ツール　解説書2014年8月版　第Ⅱ編．理論編」．一般財団法人建築環境・省エネルギー機構
(18) 村上周三，松尾陽，坂本雄三，石野久彌ほか "外皮・躯体と設備・機器の総合エネルギーシミュレーションツール「BEST」の開発"，空気調和・衛生工学会大会学術講演論文集，pp. 1969-1972, (2007)
(19) DECC 非住宅建築物の環境関連データベース検討委員会　平成20年度報告書　財団法人　建築環境・省エネルギー機構(1999)
(20) CASBEE の概要，(一財)建築環境・省エネルギー機構(IBEC)
 http://www. ibec. or. jp/CASBEE/about_cas. htm
(21) 建築物エネルギー消費量調査報告【第36報】ダイジェスト版　調査期間(平成24年4月〜平成25年3月)，日本ビルエネルギー総合管理技術協会
 http://www. bema. or. jp/data. html

第6章　BEMS

⑿　省エネ法の概要について　経済産業省　資源エネルギー庁
http://www.enecho.meti.go.jp/category/saving_and_new/saving/summary/
⒀　「建築物の省エネルギー基準と計算の手引き」，財団法人建築環境・省エネルギー機構
⒁　早川智，小峯裕己，猪岡達夫，渡辺健一郎ほか"事務所ビル用エネルギー消費原単位管理ツール"，日本建築学会環境系論文集，第616号，pp.91-98，(2007)
⒂　吉田治典，寺井俊夫，"熱負荷計算用気象データのモデル化，気温の日周期成分についての検討"，日本建築学会計画系論文集，No.391，pp.39-49，(1988)
⒃　内海康雄"海外におけるシミュレーションとソフトウェアの現状"，空気調和・衛生工学会，Vol.77，p.1020
⒄　内海康雄，神村一幸，井上隆，外岡豊ほか，"CO_2排出量削減のための空調機器の自動制御システム開発に関する研究"，空気調和・衛生工学大会学術講演　論文集，pp.1737-1740(2005)

第 7 章

FEMS

第7章　FEMS

7.1　FEMSの仕組み

7.1.1　はじめに

　本章では，工場におけるエネルギーマネージメントの仕組みについて紹介する。

　製造業をとりまく競争環境は，近年急激に変化している。工場におけるQ（Quality），C（Cost），D（Delivery）は製造業の競争力の源泉であり，そのQCDを最適化することで企業としての競争力を維持している。中でも，工場に供給されるエネルギーはこの全てに大きく影響するため，資源を十分に持たない工業立国である我が国は，国策的に供給エネルギーの安定化・高品質化に努めてきた。その中では，安定性および品質は所与の条件として，エネルギーコストの低減のみに注力し，工場の原動部門（供給サイド），製造部門（消費サイド）各々の役割において「エネルギー使用量とエネルギー原単位の削減」を追求することで世界最高水準のエネルギー効率を達成してきた（図7.1.1）。

　しかしながら，環境起因の大量自然エネルギー導入拡大や，化石燃料の輸入価格の乱降下，さらには，東日本大震災に起因する原発停止，再稼働の見直し等が議論される環境下においては，低廉で安定・高品質な電力はもはや所与の条件とは言い難い状況となっている。加えて，現在進められている電力・ガス事業の完全自由化が実現する社会においては電力だけではなく電力と熱を一体に捉え，これまでの量を優先したコントロールだけでは最適化出来ず，「いつ」「どこで」「どれだけ」自家発電（熱）し，蓄電（熱），購入するかを判断・実行す

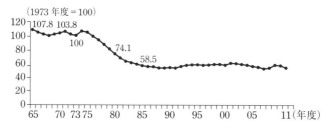

図7.1.1　製造業のエネルギー消費原単位の推移
（出典　エネルギー白書2013年）

ることが求められるため，上位のEMSと連携しながらこれらを支援するFEMSのニーズはますます高まっている。

7.1.2 FEMSの仕組み

工場におけるFEMSを用いたエネルギーマネージメントの概念図を図7.1.2に示す。

FEMSに求められる機能は単なるエネルギーデータの見える化や単体の高効率機器の採用，部門単位の省エネ活動の支援に留まらず，エネルギー消費実績データを多角的に分析することで総合的なエネルギー利用効率の向上やエネルギーコストの低減，部門横断的で継続的な省エネ活動の活性化に寄与することである。更には，気象条件や生産計画等の条件から近未来のエネルギー需要量を精度良く予測し，操業にマッチしたエネルギー供給の動的な最適化の仕組み

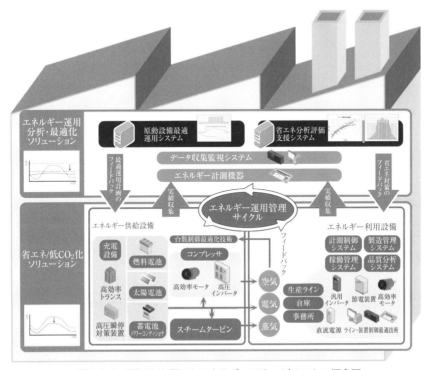

図7.1.2　FEMSを用いたエネルギーマネージメントの概念図

第7章　FEMS

を提供することにより，継続的で高効率なエネルギー管理を実現出来ることが可能となる。

また，従来のオンサイト型のFEMSの導入はそれなりに投資も必要となり，またシステムを運用する現場スタッフも必要になることから特に規模が小さい

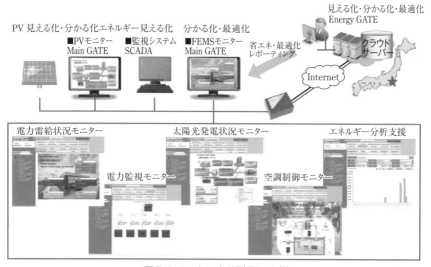

図7.1.3　クラウド型FEMS例

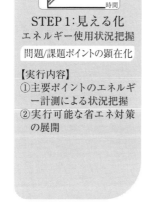

STEP 1 : 見える化
エネルギー使用状況把握

問題/課題ポイントの顕在化

【実行内容】
①主要ポイントのエネルギー計測による状況把握
②実行可能な省エネ対策の展開

STEP 2 : 分かる化
エネルギー分析

要因分析と対策のスピードアップ

【実行内容】
①省エネ分析支援環境整備による改善ポイントの顕在化とムダ取りの推進
②日常的な改善サイクルの定着化

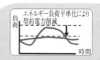

STEP 3 : 最適化
エネルギー最適運用

エネルギーコスト低減/安定化

【実行内容】
①再生可能エネルギーの導入
②省エネ機器・制御技術によるエネルギーコストの更なる低減
③蓄エネ・最適制御技術によるエネルギー負荷平準化(省コスト化)

図7.1.4　FEMSの導入STEP例

7.1 FEMSの仕組み

工場にとっては負担となり，その結果システムの導入がなかなか進まない側面がある。この場合にはクラウド技術を活用した全国共同利用型エネルギー管理支援サービス(クラウド型FEMS)(図7.1.3)を利用することで初期投資およびランニングコストの低減化が図れると共に，エネルギー支援サービスを受けることでシステム運用のスタッフが不要となることからFEMS導入が促進される。

次に具体的なFEMSの導入STEPを図7.1.4に示す。機能ブロックとしてはエネルギーデータの収集および可視化(STEP 1：見える化)，収集実績データの多角的な分析(STEP 2：分かる化)，分析結果を元に再生可能エネルギーやコージェネレーション，蓄電池の利用も加味した最適運用支援機能(STEP 3：最適化)となり，以下各STEPについて詳述する。

(1) 見える化

FEMSの基本はまずデータの「見える化」から始まる。エネルギーをマネージメントするために必要なデータを計測・蓄積し，運用者に適切な行動を促す基盤となる。また対象はユーティリティから生産設備，共通部門全般に渡り，電力，熱(冷熱，温熱)，エアー等のみならず，工場の生産情報や気象情報等まで一元的に管理することでより効果的な仕組みの構築が可能となる。この仕組みを実現する上での最大のポイントは，最終的に工場全体のエネルギーを最適化するために必要最低限の計測ポイントに絞り込んでまず整備していくことにある。特に電力系は比較的容易に計測システムを構築可能であるが，熱系(冷水，温水，蒸気等)の計測は時間もコストもかかるため最適な計測ポイントの設計が必要となる。計測データは，出来るだけ運用者に見やすく表示し，時系列でのエネルギー使用実績は元より，カテゴリー別内訳(工場別，建屋別，工程別等)や生産実績と連携することで原単位管理を行うことが可能となる。

(2) 分かる化

日常の管理やマネージメントに必要な計測データが収集，蓄積され「見える化」によりエネルギーデータの可視化が可能になれば，次はこれらのデータを用いて多角的に分析することにより工場におけるエネルギー使用量の無駄や改善ポイントの炙り出しが可能となる。各種分析の例を次に示す。

第7章　FEMS

＜分析例＞
- ・過去の実績データとの比較（前年同時期等）
- ・季節比較
- ・部門別，設備別，フロア別比較
- ・設備稼働状況との比較
- ・エネルギー消費に大きく影響を与える要因と実績値の相関分析（気温，生産条件等）
- ・各種エネルギーパラメータの相関分析

分析例を図7.1.5に示す。

(3)　最適化

多角的な分析結果に基づく各設備の特性や効率に基づき，工場におけるエネルギー需給の最適化を支援する機能である。ここでの最適化における目的関数はエネルギーコストの最小化，CO_2排出量の最小化，メンテナンスコストの最小化等が考えられる。

昨今では省エネルギーやBCPの観点から，再生可能エネルギーや蓄電池，蓄熱装置，コージェネレーション等の導入も盛んであるため，それに伴い工場におけるユーティリティのシステム構成も複雑化している。過去の実績データ

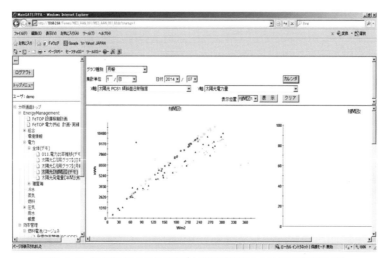

図7.1.5　FEMSによる分析例（太陽光発電量と日射量の相関分析）

に基づき,エネルギー消費に大きく影響を与える要因(気象データ,生産計画等)から近未来(24～48時間程度)のエネルギー消費量(需要量)を精度良く予測し,その結果に基づいたエネルギー供給設備(ユーティリティ)の最適な計画支援機能が必要になる。予測の際には需要量のみならず,不安定な再生可能エネルギー発電(太陽光発電等)やフリークーリング等の外気熱を利用した冷熱設備等の供給側の複雑な予測も考慮する必要がある。また,ユーティリティの最適計画の段階では各供給設備の効率や特性は元より,運転に関する制約条件(入／切の時間間隔,頻度,優先運転等)や運用上の制約(受電電力の制約等)を考慮した最適な運用支援機能が必要となる。

7.2 FEMS 制御技術

7.2.1 はじめに

本節ではFEMSによる工場のエネルギーの最適制御技術について紹介する。工場におけるエネルギー供給設備では要求される電気,熱(温熱,冷熱),蒸気負荷が時々刻々と変化する中で発電機,ボイラ,冷凍機等の機器に対する適切

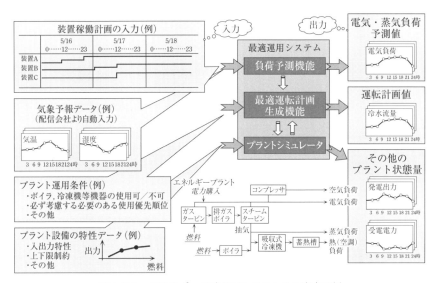

図7.2.1 エネルギー最適運用システムの入出力図例

第7章 FEMS

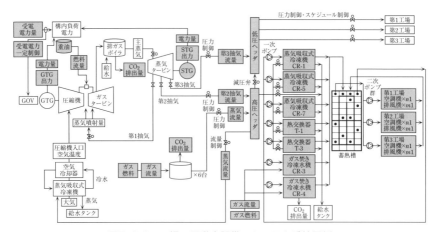

図7.2.2　工場の原動力設備のシステム系統図例

な負荷配分を図ることが求められる。更に昨今では不安定な再生可能エネルギーの導入や蓄電池，蓄熱設備の導入も増加してきているためユーティリティ設備のシステム構成も複雑化してきている。本節では負荷を精度よく予測する技術から予測結果に基づいてユーティリティ設備の最適な運転計画およびその制御技術までを述べる。エネルギー最適運用システムの入出力図例を図7.2.1に示す。また対象となる工場の原動力設備のシステム系統図例を図7.2.2に示す。

7.2.2　予測技術

　電気，熱などの負荷は工場の操業予定に影響される負荷や，気象条件に影響される負荷，毎日ほぼ一定の傾向を示す負荷など様々な特徴を有している。また，線形モデルで精度良く予測できる場合もあれば，非線形モデルによる予測が必要な場合もある。

　ニューラルネットワークは非線形のモデル化能力および学習能力を有しており，パターン認識，診断，予測などの多くの分野で適用されてきている。しかし，最適なネットワーク構造が事前に得られないため試行錯誤的にネットワーク構成やパラメータを学習しなければならないこと，内部がブラックボックスのため出力理由の説明の難しさにより学習結果の信頼性が評価困難等の理由に

より，安全性や信頼性が重要視される分野においては適用が敬遠されてきた。この点を改善した構造化ニューラルネットワークを適用することで，出力理由の明確化や学習過程での不要な素子や結合を削除することで構造を最適化することが可能となる．図7.2.3に構造化ニューラルネットワークの概念図を示す．

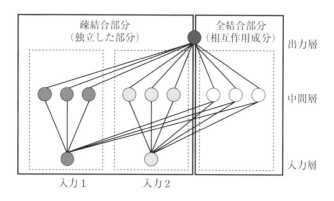

図7.2.3　構造化ニューラルネットワークの概念図

　任意の入力因子グループにのみ結合する中間層素子(疎結合部分)と全ての入力因子を結合する中間層素子(全結合部分)から構成される．疎結合部分の構造化により，任意の入力因子グループ毎の入出力特性を解析することが可能であり，全結合部分の構造化により，従来のニューラルネットワークと同等の性能維持を可能としている．

7.2.3　非線形最適化技術

　最適制御は，冷凍機などの起動・停止(離散量)と発電機などの出力(連続量)を同時に決定する必要があり，従来は，機器の特性を線形関数で近似した上で混合整数計画問題として定式化する方法が一般的であったが，この方法では機器の台数制御などのローカル制御や現場の運用ルールなどを考慮することが困難である．このような場合には数式化出来ないような制約条件の取扱が容易なメタヒューリスティック手法(MH)を用いることで解決可能となる．主なMH手法の一覧を表7.2.1に示す．

表7.2.1 主なメタヒューリスティック手法

	GA	SA	TS	PSO
開発時期	1970年代	1983年	1989年	1995年
対象問題	組合せ最適化問題	組合せ最適化問題	組合せ最適化問題	連続型最適化問題混合整数非線形最適化問題
状態変数	離散変数	離散変数	離散変数	連続変数，離散変数
探索点数	多点探索	一点探索	一点探索	多点探索
解の保証	解全体が良い方向に行くことは保証されている。	大域最適解が得られることが保証されている。	数学的な保証はない。	探索の振る舞いを数学的に解析する試みが始められている。
実行時間	○	△	◎	◎
特徴	近年は，多目的最適化問題への適用有効性が検討されている。	長時間をかければ良質な解が得られる。	組合せ最適化問題に対し，一般的にGA，SAより短時間に良質な解が得られる。	従来法では解を求めることが困難であった混合整数非線形最適化問題に対し，短時間で良質な解が得られる。

(注)実行時間は相対的に◎，○，△の順番に短い。
GA：Generic Algorithm（遺伝的アルゴリズム）
SA：Simulated Annealing（焼きなまし法）
TS：Tabu Search（タブー探索法）
PSO：Particle Swarm Optimization（粒子群最適化法）

　MHは物理現象や生物・生命に関わる動きの模擬を利用して問題に依存しない一般的な最適化の探索の枠組みを実現した手法である。PSOはMH手法の一つであるが非線形な混合整数計画問題に対応するように拡張し，解を短時間に求めることが可能であることから電力・エネルギー分野の持つ複雑な制約条件に対応することが出来る。

　PSOはパデュー大学のエバーハート教授らによって1995年に開発された。粒子（Particle）が群れ（Swarm）になって解を探索する手法であり，鳥などの動物の群れの動きを模倣し，そこに認知心理学の要素を取り入れたものである。PSOの探索の概念図を図7.2.4に示す。

　　　次の探索方向＝現在の探索方向＋Pbest方向＋Gbest方向

　PSOでは個々の探索点の評価が最も良かった点（Personal Best：Pbest）と群れ全体で評価が最も良かった点（Global Best：Gbest）と現在の探索方向の合成

7.2 FEMS 制御技術

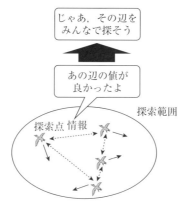

次の探索方向 = 現在の探索方向 + Pbest 方向 + Gbest 方向
図 7.2.4　PSO の探索の概念図

ベクトル方向に探索の動きを変更しながら解を探索する。実際には，右辺の各項には乱数や重み係数(関数)がかけられており，現在の探索方向の初期値はランダムに設定する。このような探索方向の変更を事前に決められた探索回数だけ繰り返し，その中で得られた最も良い解を出力する。これにより，複数の鳥(探索点)が探索領域において，評価の良い探索点の情報を交換しながら最適解を探索することになる。

7.2.4　多変数モデル予測制御

　最適化を実行すると，非線形最適化計算機能からの複数の設定値変更が同時に行われる。しかしながら干渉の強いプラントや運転上の制約の多いプラントでは，複数の設定値変更を同時に行うことが困難な場合が多い。このような場合には，複数の操作量を同時に動かし，かつ制約を考慮した制御を実現する多変数モデル予測技術が有効となる。モデル予測制御とは，内部モデルを用いて仮想する操作量に対する未来のプラントの振る舞いをシミュレートし，目的の制御軌道(参照軌道)との差や，操作量および制御量を最小化するような制御則について，制約条件を満たした状態で求める制御方式である。この制御方式は，最適化問題に帰着出来ることから内部的には線形計画法，二次計画法，非線形計画法などの数理計画法を用いて制御則を求めることが出来る。

7.3 FEMS 実証

本節では FEMS の導入,実証事例2例を紹介する。

7.3.1 富士電機(株) 山梨製作所 FEMS 導入の事例

当該工場は山梨県南アルプス市に位置し,元来 PC のハードディスクの磁気記録媒体を生産する半導体工場であったが,2011年の東日本大震災による大規模停電を機に生産ラインを海外に移転集約し,2011~2012年の改修の際に FEMS を用いたスマート化の概念を最大限取り入れて,新たにパワー半導体工場へと生まれ変わった工場である(図7.3.1)。

本工場に代表される半導体工場はクリーンルーム内の環境(温度,湿度,クリーン度)を維持するために常時多量の空調(冷熱,温熱)エネルギーを使用し,かつ生産量の増減に対するエネルギーの増減の感度が鈍いのが特徴である。

また気候面では夏は暑く冬は寒い内陸性盆地気候であり,南アルプス山脈由来の豊富な地下水に恵まれている。日本屈指の多雨地域である反面,日照時間も長いのが特徴である。

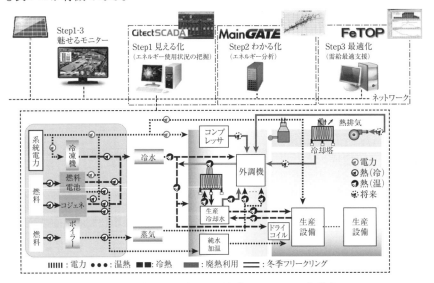

図7.3.1 富士電機(株)山梨製作所のスマート化構成

7.3 FEMS実証

　左記のエネルギー消費特性や気候，地域性を最大限考慮したスマート化のコンセプトと主な施策は下記の通りである。

① 省エネルギー化
- 外気エネルギーの利用（全温度帯フリークーリングの導入）
- 排気量の低減（熱排気の再利用）
- 廃熱回収，利用
- DC‐FFU（ファンユニット）のゾーン別風量制御
- インバータ，熱源最適制御の導入
- 地下水利用

② 地震・瞬時電圧低下対策
- 免震床構造の採用
- 高圧 UPS（2000 kVA×2秒）の採用
- 最重要負荷へのりん酸型燃料電池の採用（100 kW×4台）
- コージェネレーションシステム（2,550 kW）の導入

③ FEMSによる電気と熱のベストバランス
- 電気＋熱の見える化の充実
- エネルギーの統計分析や機器単体／総合効率分析
- 外気エネルギー＋電気＋熱の高度なトータル需給最適制御
- FEMSモニターの設置（外来者向け）

　南アルプス特有の外気熱由来のフリークーリングによる冷熱を最大限取り込んでいる。またコージェネレーションシステムの導入に合わせて，電気と熱の需要を1時間単位で直近48時間分を予測し，最適な機器の運転計画を立案することで工場トータルの省エネルギー化を実現している。

　また，予測や実績値については外来者にも一瞥して効果が分かる機能を設けている。

　例として，中間期（11月）におけるコージェネレーションシステムを中心としたエネルギー供給の最適運転計画を次頁の図7.3.2に示す。

第7章　FEMS

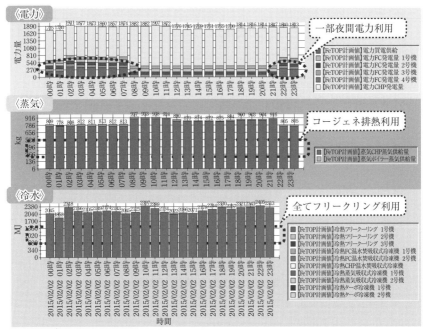

図7.3.2　エネルギー供給の最適運転計画(中間期)

7.3.2　北九州市における次世代 FEMS 実証の事例

　従来は，工場の生産計画立案に当たっては，在庫，納期，出荷量など生産に関する情報を優先的に考慮し，生産活動によって消費されるエネルギー使用量やピークデマンドについては静的な考慮はされるものの状況に応じてダイナミックに変更されているケースはほとんどない。しかしながら近年，エネルギーコストの増加，電力需給の逼迫などの事情から，エネルギー使用量やその使用タイミングを考慮した生産計画を立案し，状況に応じてダイナミックに生産計画を変更させる必要性が増している。

　本節では，クリーニング工場を対象に生産計画をダイナミックに変更させる次世代 FEMS の実証事業を紹介する。

(1)　次世代 FEMS の概要

　図7.3.3に次世代 FEMS の概要を示す。生産設備毎に現場操作端末，電力量計を設置し，設備毎の品種別消費電力を把握する。FEMS サーバはこれらの

7.3 FEMS 実証

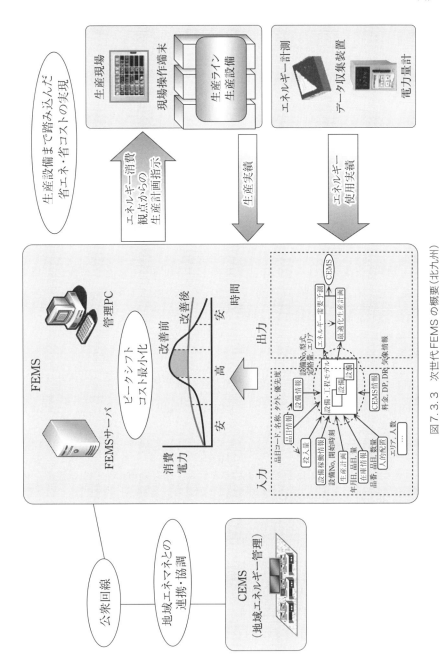

図7.3.3 次世代FEMSの概要（北九州）

表7.3.1 次世代FEMS機能の概要一覧

分　類	機　能
生産計画	生産計画立案機能
	生産計画表示機能
エネルギー使用量計測・集計	生産実績登録機能
	生産実績集計機能
	帳票出力機能
エネルギー使用量計測・集計	エネルギー使用量計測機能
	エネルギー使用量集計機能
CEMS連携	CEMS連携機能
メンテナンス	運用設定機能

情報とCEMSから受信した電気料金情報(DP),必要生産量から最適な生産計画を立案する。立案された生産計画は現場操作端末へ表示し,表示された生産計画に基づき生産を行うことで,エネルギーコスト最小化となる生産を実現する。表7.3.1に主要機能一覧を示す。これらの機能により業務の効率化とエネルギーコスト最小化の両立を実現している。

(2) 機能内容

① 生産計画の立案

電気料金が安い時間帯は消費電力の大きい品種,電気料金が高い時間帯は消費電力の小さい品種を生産するよう生産順序の見直しをすることで,生産量を落とすことなくピークシフトを実現している。

② 生産実績管理機能による業務効率化

生産開始時,終了時に需要家で登録するデータを有効活用し,生産実績を集計した日報,月報の作成を行うことで業務効率化を実現している。

③ エネルギー使用量の見える化による省エネルギー化

生産設備毎の電力使用量の計測,集計機能を実装し,工場内の各設備のエネルギー使用量の無駄を見つけることでエネルギー使用量削減を図っている。

④ CEMS連携機能

上位のCEMSサーバと情報連携することでDR(デマンドレスポンス)に対応した生産計画の立案およびダイナミックな変更によりエネルギーコストの最小化を実現している。

7.3 FEMS実証

<参考文献>

(1) 資源エネルギー庁,「平成25年度エネルギーに関する年次報告(エネルギー白書2014)」
(2) 項東輝ほか,"原動力設備プラントの最適運用と適用事例",富士時報,Vol.77,No.2,pp.166-170,(2004)
(3) 北川慎治ほか,"最新の最適化手法とソリューション展開",富士時報,Vol.77,No.2,pp.137-141,(2004)
(4) 西田英幸ほか,"オンライン最適化技術と制御プラットフォーム「FeTOP」",富士時報,Vol.79,No.3,pp.274-278,(2006)
(5) 斎藤俊哉,"北九州スマートコミュニティ創造事業における実証実験報告",スマートグリッド,Vol.4,No.2,pp.25-31,(2014)

第8章

HEMS

第8章　HEMS

8.1　HEMSの仕組み

本節では，HEMSの目的，考え方，基本的な仕組みについて述べる。技術的な構成については，「第9章　EMSに関わる標準化の動向」を参照されたい。

8.1.1　住宅内のマネジメント

HEMS（Home Energy Management System）とは，スマート家電を情報ネットワークで接続し，コントローラによる操作によって，家庭のエネルギー消費を最適化するものと理解されている（図8.1.1）。

スマート家電とは，ネットワークに接続でき HEMS コントローラで操作できる家電品であり，エアコン，洗濯機などの白物家電や，太陽光発電装置，家庭用蓄電池などのエネルギー創出／蓄電設備などが対象と考えられる。そして，HEMSの基本的な機能は，省エネ，あるいは供給力に制約がある場合は節電（本来の需要を意図的に抑制する）というのが一般的であり，新たなサービスの出現を期待する関係者も多い。

我が国においては，同様の仕組みは2000年代初頭に，「ネットワーク家電」として注目された。当時もHEMSという言葉は存在し，実証事業などが展開されたが，いくつかのネットワークを利用した新たなサービスと省エネルギーが目的であり，限られた効果しかなく，家電機器の増分のコスト，通信システ

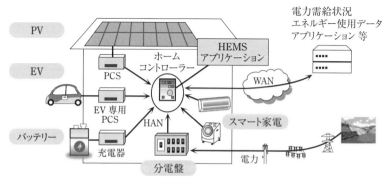

図8.1.1　HEMSの構成イメージ[1]

8.1 HEMSの仕組み

ムのコストなどを負担しても利用しようというニーズにつながらなかった。

エネルギーの経済的で安定的，そし環境負荷の少ない供給と利用を実現するという継続的な課題に加え，東日本大震災後は，電力の不足に対する不安から「節電(本来の必要性，サービス水準を犠牲にしても電力需要の削減を行う)」が注目され，これを実現するために，住宅におけるエネルギーマネジメントが改めて注目された。さらに，住宅が，これまでの"エネルギーを使う"という立場から，今後は太陽光発電装置や蓄電池等の"エネルギーを創り，貯めて，供給する"機能が徐々に導入普及する状況にある。また，太陽光発電の大量導入により電力システム全体での電力の供給が過剰となる状況では，住宅のルーフトップ型の小型の太陽光発電システムにも逆潮流などを抑制する必要性が顕在化している。このような状況により，電気の使用時間，充放電時間の調整など多くの操作が必要となり，電力の管理・制御機能が必要となる。電気自動車(EV：Electric Vehicle)がある住宅であれば，その充電した電気を住宅あるいは電力システムに向けて放電することも可能となる。

管理・制御機器としてのHEMSは，従来は専用の機器が考えられていたが，手軽に入手でき利便性の高いスマートフォンやタブレットPCに注目が集まっている。これらは，センターサーバーとの組み合わせによりクライアント／ユーザー・インターフェイスとして使用する場合と，管理・制御機器として使用する場合がある。このように，HEMSの機能，仕組みは，取り巻く環境の変化に伴い大きく変化しており，HEMSの実用システムとしての普及の可能性は徐々に上がってきていると考えられる。

HEMSには様々な段階における多様な定義があるが，家庭の機器を管理・制御するためのHEMSは，ユーザーが許されている機器操作を総合的に自動で行うものと考えることができる。ある家電メーカーがコントローラと家電を一体的に設計することで，個別の家電の状態を確認し制御できることの発展形として，HEMSは多種の家電や住宅設備を総合的に管理・制御できるものと定義できる。このとき重要なことは，住宅には様々なメーカーの機器，設備があるため，HEMSはメーカーに依らず相互に接続できることが重要となる。家電，自動車，住宅など様々な分野のメーカーが，HEMSに関する技術開発，

実証事業，商品化を進めているが，多くの場合は自社製品の中での接続に留まっている。しかし，"普通の家"では，複数社の機器，設備が混在する。このため，スマートハウス[1]でHEMSを導入するためには，複数メーカーの機器，設備を管理・制御できることが必要となる。

複数メーカーの機器・設備を管理・制御するためには，まずこれらが相互に接続される必要がある。このために，通信インターフェイスの標準化や，情報セキュリティ確保方策などの取り組みが行われている。またこれに加えて，様々な管理・制御が「安全かつ有効に」行われる必要がある。「安全に」というのは，ある機器・設備を複数のメーカーの相互接続環境において制御する場合，相互接続された機器・設備は，相互の限られた情報交換の環境において，機器自体が安全な範囲で使用されるのか，さらには，利用者や住宅といった周囲の環境に悪い影響を与えないようにする必要がある。また，「有効に」とは，さらに積極的に，利用者や住宅といった周囲の環境をよりよいものにする必要がある。

このため，HEMSの実際の適用にあたっては，住宅という一般の人々の暮らしの空間の中で，"ヒーターをONにする"とか"ファンを回す"という操作を，情報の不足，あるいは場合によっては悪意による行動のもとでも，安全かつ有効なものにすることが必要であり，従来のICT技術で閉じた世界を超えた現実の世界でこれを確かなものとすることに一定の難しさがあるといえる。このような中で，HEMSの価値を継続的に向上するために，管理・制御方式を提供することを，アプリケーションサービスとして，機器・設備のメーカー自身ではない第三者に開放することも今後の課題である。

8.1.2　住宅の外のエネルギーマネジメント

世界的な太陽光発電や風力発電など再生可能エネルギーの導入の進展が続き，日本でも2012年より開始された固定価格買取制度のもとでの太陽光発電の大量導入が続いている。このような状況下で，住宅屋根に設置された無数の小規模太陽光発電の出力抑制は電力システム安定運用のための大きな課題となっており，中央から各住戸への出力抑制のためのインフラ整備が検討され，

実施される流れにある。この状況は，出力抑制に加え，需要家における個別の電力需要を何らかの情報によって調整，管理する手法であるデマンドレスポンスの実用化が検討されている。

　従来型の需給バランス制御に対し，このデマンドレスポンスを活用し，再生可能エネルギーの導入に基づく変化に対応する新しいエネルギーマネジメントをここでは，集中／分散のエネルギーマネジメントの協調と呼ぶ。図8.1.2は，「集中／分散のエネルギーマネジメントの協調」について，HEMSを含めた全体像の例を示している[2]。

　再生可能エネルギーの大きな変動に対応して「集中／分散のエネルギーマネジメントの協調」で電力システムに新たな需給調整力を生み出すためには，電力システムなど集中エネルギーマネジメントシステムが把握しているエネルギーシステム全体の需給状況の情報を，HEMSが把握することが不可欠である。

　図8.1.2では，この需給情報に関する情報に対応して，直接制御，間接制御という言葉が示されている。直接制御の場合は，集中エネルギーマネジメントシステムが需要の状況を把握してHEMSを通して個別機器を制御するため，その制御効果をより確実に予測することができる。これに対して，間接制御の

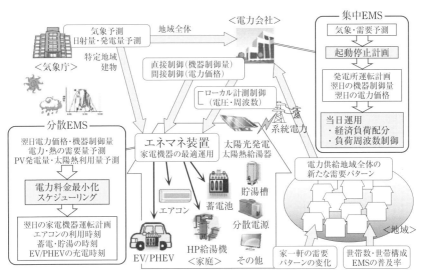

図8.1.2　HEMSによる集中／分散のエネルギーマネジメントの協調

第8章 HEMS

場合は，電気の料金単価など，何らかの経済的なインセンティブが想定される。この場合，分散エネルギーマネジメントシステムは，利用者の設定のもと，電力の利用のスケジュールや制御を決定することになる。この場合，集中エネルギーマネジメントから見るとその制御効果は不確定なものとなるが，分散エネルギーマネジメント側では，より利用者のニーズ，好みを反映した運用を行うことができるという価値がある。

全体システムの需給情報に加え，天気予報，家庭の需要の予測，機器や家の特性に基づき，HEMSが家電機器，分散電源，蓄電池などを制御して，家庭内のエネルギー利用を最適化する。同時にこのような家が地域的にまとまり，さらにエネルギー供給システム全体の需要の形を変え（需要の能動化），エネルギーシステム全体の需給の最適化に貢献することができる。

8.1.3 エネルギーを超えて

HEMSには，エネルギーというキーワードが入っており，前2項では，住宅の内外のエネルギーマネジメントとしてHEMSの仕組みと集中／分散のエネルギーマネジメントの協調について述べた。外気環境，住宅環境，機器情報，系統側の電力需給情報等に基づき，スマートハウスの基本要件としては，エネルギーマネジメントの基本である住宅の省エネルギー，CO_2排出量削減（エネルギー・環境軸）に加えて，エネルギーシステム全体の需給調整力の向上（系統貢献軸）の二つの軸が基本となる（図8.1.3）。

しかしHEMSは，エネルギーを超えた領域にも価値を持つことが近年より広く認識されつつある。エネルギーマネジメントのためのプラットフォームとなる住宅設備と機器との連携機能や環境情報の取り込み機能を活用して，エネルギー以外の安全，安心，便利，健康，そして楽しみといったエネルギーを越えたより高い価値として「快適性」を提供することができる（QOL軸）。

8.2 HEMS 制御(最適化の定式化)

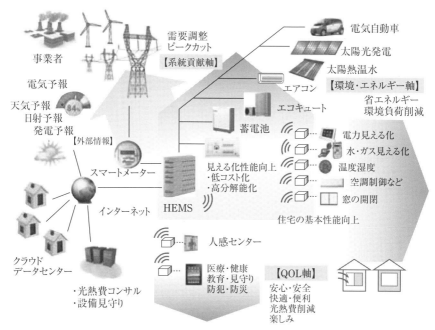

QOL：(Quality of Life)物理的な豊かさやサービスの量，個々の身辺自立だけではなく，精神面を含めた生活全体の豊かさと自己実現を含めた概念

図8.1.3　HEMS の目指す3軸の価値(出典：荻本研究室)

8.2　HEMS 制御(最適化の定式化)

前節で述べたとおり，HEMS は家庭のエネルギー消費を最適化するものであり，目指すべき「最適」は，省エネルギー・CO_2 排出量削減(環境・エネルギー軸)，エネルギーシステム全体の需給調整力の向上(系統貢献軸)，そして安心・安全など生活の質の向上(QOL 軸)など複数の目的を有する。本節では，住宅内の省エネや CO_2 排出量削減に加えて，電力システムの運用に貢献する HEMS の制御について考えることとする。

8.2.1　需要の能動化による電力システムへの貢献

電力システムの需給運用に貢献するためには，図8.1.2に示したように，

第8章 HEMS

電力システム全体を扱う集中エネルギーマネジメントと協調して，個々の需要家を対象としたHEMSが運用されなければならない．電力システム側から見て電力をあまり使って欲しくない時間帯に電力使用を抑制し，電力をもっと使って欲しい時間帯に使用し，電力需要の時刻をシフトすることで貢献することができる．

需要時刻をシフトできる機器には，効果が大きく需要家の利便性を損ねないという視点からは，蓄エネルギー機能を備えたヒートポンプ(HP：Heat Pump)給湯機やEV，定置型蓄電池などが考えられる．HP給湯機は，現在の運転方式では，夜間の安い電気料金の電力を使って早朝までに貯湯槽にお湯を貯め，主に夜の入浴時に多くのお湯を利用している．夜のお湯の利用時刻までに貯湯されていれば，いつお湯を沸かしても良いので，HP給湯機の運転時刻はその範囲内においてシフトが可能ということになる．EVは，家庭の場合は帰宅してから次に車で外出するまでの間，オフィスにおいても車で出勤してから退社するまでの間，どの時間帯に充電することも可能である．さらに定置型蓄電池は，需要家の利便性とは無関係であり，利用時間を自由に設定できる機器である．

8.2.2　HEMS利用者における系統貢献の価値

HEMSの目的のうち，環境・エネルギー軸やQOL軸は，快適な空間や電気料金の削減などの形で直接的に利用者が目に見える形で利益を享受できる．それに対して，系統貢献軸は，利用者にとって先の2つの軸の目的を損なうものではないが，HEMSの利用者にとって直接的に価値が得られるものでもない．また，集中エネルギーマネジメントでは，日々異なる気象条件における電力需要予測やPV発電量などの再生可能エネルギー発電の出力予測のもとで運用を行うため，HEMSに求める需給調整への貢献の期待も日々異なるものとなる．

そのため，HEMSを集中エネルギーマネジメントと協調して運用するには，電力システム全体の需給状況の情報と，HEMS利用者に対して与えるインセンティブの情報が必要不可欠である．例えば，需要シフトに協力してくれる需要家に対して報酬を与える契約のもとで，電力システム側が直接的に要求する

8.2 HEMS制御（最適化の定式化）

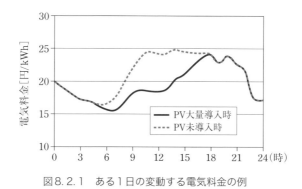

図8.2.1　ある1日の変動する電気料金の例

機器の制御量や需要シフト量を決めて需要家の機器の運転制御を行う方法（直接制御）や，需要を増加させたい時間帯の電気料金を高くし，需要を減少させたい時間帯の電気料金を安くするなど，その価格設定に応じた需要シフト量を期待することによって，要求需要シフト量の情報をインセンティブ情報に組み込んで間接的に運転制御を行う方法（間接制御）がある。

電気料金の設定については，例えば図8.2.1のように，電力システムの負荷の1日の変動に応じて電気料金が変動する電気料金を用いることにより電力システム全体の需給状況の情報をHEMSに伝えることができる。PVがそれほど普及していない現状では，需要のピークは昼間となるが，PVが大量導入された将来は需要のボトムは朝方から午前中に生じ，ピークは夕方に生じる。このような電力システム全体の負荷に応じた料金を用いることで，負荷の少ない時間帯には電気料金が安くなり，負荷の高い時間帯には電気料金が高くなることで，利用者にとっては需要を電気料金の高い時間帯から安い時間帯にシフトすることにより電気料金を低減する価値が生まれ，利用者に需要シフトを促すことができると考えられる。

8.2.3　最適計画問題の概要

図8.2.2は，住宅内の蓄エネルギー機器としてHP給湯機，EV，および，蓄電池を制御対象とし，住宅における創エネルギー機器としてPVおよび太陽熱集熱器を，給湯システムにおける比較対象となるガス給湯器を，さらに系統

第8章 HEMS

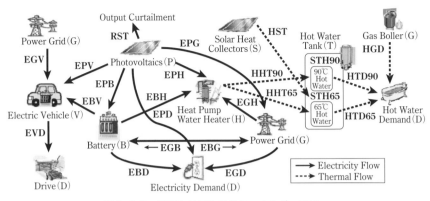

図8.2.2　最適化モデルで扱うエネルギーフロー

電力および需要を加えて，HEMSで扱うエネルギーフローを図示したものである。

各時間ステップにおける電気料金の情報や，電力・給湯・EV需要量，PV発電量や太陽熱集熱量の予測情報に加え，設置機器の容量や，EVや蓄電池の充放電効率，HP給湯機の成績係数（COP：Coefficient of Performance），貯湯槽からの放熱ロスなど機器の性能情報に基づいて制約条件を設定し，各時間ステップのエネルギーフローを最適化する問題となる[3],[4],[5]。

機器の運転は，一般にON/OFFで制御されることが多く，その場合，0または1を取るバイナリ変数を用いた混合整数計画問題（MIP：Mixed Integer Programming）となり，目的関数や制約条件を線形とすることにより，必要な計算時間を抑えた混合整数線形計画問題（MILP：Mixed Integer Linear Programming）として様々な手法で解くことが可能となる。

本節では，HEMSにおける機器の運転計画の最適化の例として，目的関数として住宅における電気料金を設定し，電力システム側から需給運用に貢献できる電気料金が前日に提示され，それを基に翌日の機器の運転計画を立てる問題の定式化について述べる。ここでは，図8.2.2に示した機器のうち，HP給湯機，蓄電池，PV，太陽熱集熱器，貯湯槽を扱うものとし，PVの出力抑制は行わず，PVで発電した電力の余剰分は電力系統に売電できるものとする。蓄電池については，系統に売電することはできないものとする。HP給湯機については90℃の湯の沸き上げは行わないものとし，65℃の湯の沸き上げのみを

8.2 HEMS制御（最適化の定式化）

考慮するものとする。

8.2.4 機器の最適運転計画問題の定式化
①目的関数

式(8.2.1)の目的関数を住宅における電気料金の合計として，最小化する問題とした．

$$min : \sum_t prb_t \cdot (EGB_t + EGH_t + EGD_t) - \sum_t prs_t \cdot (EPG_t) \quad (8.2.1)$$

EGB_t, EGH_t, EGD_t は，それぞれ時刻 t における系統電力による蓄電池への充電量，HP給湯機の消費電力量，需要への電力供給量であり，EPG_t はPVから系統への売電量を表す決定変数であり，単位は[Wh]である．また変数名は，図8.2.2中の記号と対応している．また，prb_t, prs_t は時刻 t における買電単価，売電単価[円/Wh]である．

②太陽光発電量のバランスに関する制約

PVで発電された電力は，蓄電池へ充電されるか，HP給湯機で消費されるか，需要に供給されるか，系統に売電されるかのいずれかであり，次式によりPV発電量の予測値を各フローに分配する．

$$EPB_t + EPH_t + EPD_t + EPG_t = gpv_t \quad (8.2.2)$$

EPB_t, EPH_t, EPD_t は，それぞれ時刻 t におけるPVから蓄電池，HP給湯機，需要への電力供給量[Wh]であり，gpv_t はPV発電量の予測値[Wh]である．

③電力需要量のバランスに関する制約

電力需要に対しては，PV，蓄電池，系統より電力が供給され，次式で表す．

$$EPD_t + EBD_t + EGD_t = dme_t \quad (8.2.3)$$

EBD_t は時刻 t における蓄電池から需要への電力供給量[Wh]であり，dme_t は電力需要量の予測値[Wh]である．

④蓄電池の充放電容量に関する制約

蓄電池用のPCSの定格容量 $btcpi$ [W]の制約により，充電量，放電量には以

第8章 HEMS

下の制約が必要である。

$$EPB_t + EGB_t \leq btcpi \cdot T \tag{8.2.4}$$

$$EPB_t \leq btcpi \cdot T \cdot IPB_t \tag{8.2.5}$$

$$EGB_t \leq btcpi \cdot T \cdot IGB_t \tag{8.2.6}$$

$$EBH_t + EBD_t \leq btcpi \cdot T \cdot IBD_t \tag{8.2.7}$$

EBH_t は蓄電池から HP 給湯機への電力供給量[Wh]であり，T は時間ステップの解像度[h]である。また，変数名が I で始まる3つの決定変数 IPB_t，IGB_t，IBD_t は，蓄電池の利用状態を表す0または1の値を取るバイナリ変数で，それぞれ PV からの充電，系統からの充電，需要への放電が行われている場合に1を取る必要がある。充電と放電が同時に行われないように，次の制約条件も加える必要がある。

$$IPB_t + IBD_t \leq 1 \tag{8.2.8}$$

$$IGB_t + IBD_t \leq 1 \tag{8.2.9}$$

⑤蓄電残量変化のバランスに関する制約

充放電により増減する蓄電池に蓄えられているエネルギーは，次式で表す。

$$STE_t - STE_{t-1} = bteff \cdot (EPB_t + EGB_t) - 1/bteff \cdot (EBH_t + EBD_t) \tag{8.2.10}$$

STE_t は時刻 t における蓄電残量[Wh]を表す決定変数であり，$bteff$ は充放電効率を表す定数である。

⑥蓄電容量の運用範囲に関する制約

蓄電池に蓄えられるエネルギーの上限 $btcpe$[Wh]の制約により，蓄電残量の上下限は次式で与えられる。

$$0 \leq STE_t \leq btcpe \tag{8.2.11}$$

ただし，充放電サイクルの蓄電池寿命への影響を考慮するなどにより，運用範囲を例えば20％〜80％に限定する場合，次式を用いればよい。

8.2 HEMS制御(最適化の定式化)

$$0.2 \cdot btcpe \leq STE_t \leq 0.8 \cdot btcpe \tag{8.2.12}$$

⑦ PV発電量の優先消費に関する制約

PV発電の余剰電力以外の売電が認められていない場合には,次式により,PV発電量は住宅内の需要に優先的に供給されるものとする必要がある.

$$IPB_t = IPG_t = 0 \quad (gpv_t \leq dem_t) \tag{8.2.13}$$

$$IBD_t = 0 \quad (gpv_t > dem_t) \tag{8.2.14}$$

⑧ 太陽熱集熱量に関する制約

各時間ステップの太陽熱集熱量 gsh_t[kJ]を上限に貯湯槽に熱を貯めることができる.貯湯槽の熱量が一杯であれば,循環ポンプを停止し,集熱せずに太陽熱パネルから放熱させることも可能である.

$$HST_t \leq gsh_t \tag{8.2.15}$$

HST_t は時刻 t における太陽熱集熱器から貯湯槽に蓄えられる熱量[kJ]を表す決定変数である.

⑨ 給湯需要量のバランスに関する制約

給湯重要量 dmh_t[kJ]に対して,65℃の湯を貯湯槽から供給する熱量を次式で表す.

$$HTD65_t = dmh_t \tag{8.2.16}$$

$HTD65_t$ は時刻 t における貯湯槽から供給される熱量[kJ]を表す決定変数である.

⑩ HP給湯機から供給される熱量に関する制約

65℃の湯をHP給湯機で沸き上げる際,HP給湯機の定格容量 $hpcpi$[kJ/h]の制約より,給湯機から供給される65℃の湯の熱量の上下限は次式で与えられる.

$$r_1 \cdot hpcpi \cdot T \cdot OPI65_t \leq HHT65_t \leq hpcpi \cdot T \cdot OPI65_t \tag{8.2.17}$$

$OPI65_t$ はHP給湯機の稼動状態を表すバイナリ変数で,稼動時に1をとる決

定変数である。$HHT65_t$ は，時刻 t における HP 給湯機による製造熱量を表す決定変数である。また，r_1 は最低熱製造率として適宜設定すればよい。

⑪ HP 給湯機の起動時・停止時を示す変数の設定

HP 給湯機の起動時にのみ 1 をとり，それ以外は 0 となる決定変数 $OPN65_t$，HP 給湯機の停止時にのみ 1 をとり，それ以外は 0 となる決定変数 $OPF65_t$ を導入する。稼動状態を表す $OPI65_t$ との関係は次式となる。

$$OPI65_t - OPI65_{t-1} = OPN65_t - OPF65_t \tag{8.2.18}$$

$$OPN65_t \leq OPI65_t \tag{8.2.19}$$

$$OPF65_t \leq 1 - OPI65_t \tag{8.2.20}$$

$OPI65_t$ はバイナリ変数であり，式(8.2.18)だけでは $OPN65_t$ や $OPF65_t$ は一意に定まらないが，式(8.2.19)(8.2.20)により，$OPN65_t$ や $OPF65_t$ はバイナリ変数としなくても 0 または 1 のみを取る変数として一意に決まる。決定変数の中のバイナリ変数の数を減らすことができる。

⑫ HP 給湯機の起動時の熱ロスの設定

HP 起動時には定格運転時より多くのエネルギーを消費する。この熱ロスを次式によって定義する。

$$HHH65_t = r_2 \cdot hpcpi \cdot T \cdot OPN65_t \tag{8.2.21}$$

起動時の熱ロスを表すため，決定変数 $HHH65_t$ を用いて余分に必要な熱量として表現し，起動時に定格出力に対して r_2 の割合でロスするものとする。

⑬ HP 給湯機の起動時・停止時の熱出力変化量に関する制約

HP 給湯機の起動時・停止時の熱出力変化量に関して以下の制約条件を用いる。

$$HHT65_t - HHT65_{t-1} = OHU65_t - OHD65_t \tag{8.2.22}$$

$$OHU65_t \leq hpcpi \cdot T \cdot OPI65_t \tag{8.2.23}$$

$$OHD65_t = hpcpi \cdot T \cdot OPF65_t \tag{8.2.24}$$

$$OHU65_t + OHU65_{t-1} \geq hpcpi \cdot T \cdot OPN65_{t-1} \tag{8.2.25}$$

$OHU65_t$,$OHD65_t$は,(8.2.22)〜(8.2.24)式により,それぞれ65℃沸き上げ時の熱出力の増加量,減少量を表す決定変数となり,(8.2.24),(8.2.25)式により,HP給湯機が運転中は常に定格で運転し,運転を開始した場合には最低1つの時間解像度分は運転が継続するように制約される。

⑭ HP給湯機の電力消費量に関する制約

HP給湯機で製造する熱量,起動時の熱ロス,起動中の補機の動力に応じて電力を消費し,蓄電池,PV,あるいは,系統より供給される。この制約は次式で表される。

$$EBH_t + EPH_t + EGH_t = xhp \cdot (OPI65_t) + \frac{HHT65_t + HHH65_t}{3.6 \cdot cop65_t} \qquad (8.2.26)$$

xhpは補機の消費電力量[Wh],$cop65_t$は時刻tにおける外気温や水温の条件で決定する65℃で沸き上げる際のHP給湯機のCOP,3.6は単位を変換するための係数[kJ/Wh]である。

⑮貯湯残熱量に関する制約

HP給湯機の運転や太陽熱の取得,給湯需要による貯湯槽内に蓄えられている熱エネルギーの変化は,次式で表す。

$$STH65_t - (1-tkeff) \cdot STH65_{t-1} = HHT65_t + HST_t - HTD65_t \qquad (8.2.27)$$

STH_tは時刻tにおける貯湯残熱量[Wh]を表す決定変数であり,$tkeff$は貯湯槽の放熱ロス率を表す定数である。

また,給湯需要の発生前には蓄熱されている必要があることから以下の制約式を用いる。

$$STH_{t-1} \geq HTD_t \qquad (8.2.28)$$

⑯貯湯槽容量の運用範囲に関する制約

貯湯槽内に蓄えられる熱量の上限は,貯湯槽の体積によって決定し,また,湯切れを防ぐ目的で最低蓄熱量維持率r_3を設定する場合には,それ以上の熱を常に蓄えておく必要がある。この制約は次式で表される。

$$r_3 \cdot c_w \cdot (65-tmf_t) \cdot tkvol \leq STH65_t \leq c_w \cdot (65-tmf_t) \cdot tkvol \qquad (8.2.29)$$

$tkvol$ は貯湯槽の容量[L]，c_w は水の比熱を表す定数とし，tmf_t は時刻 t における給水温度[℃]を表す．

⑰蓄電残量・貯湯残量の初期値の設定

蓄電残量や貯湯残量の初期値は，計画段階における実際の値を設定する．

$$STE_0 = i\_ste \qquad (8.2.30)$$

$$STH_0 = i\_sth \qquad (8.2.31)$$

8.2.5 様々な最適化手法

HEMS による機器の最適運転制御の実現に向けて，オペレーションズ・リサーチの担う役割は大きい．前項で述べた混合整数線形計画法では，機器の起動時のロスや頻繁な ON/OFF が起こらない設定などを制約条件に加えることで，より現実的な機器の運転に近づけることが可能である．

機器の運転計画には需要や発電量などの予測値を用いており，予測の不確実性を伴う．本稿では扱っていないが，確率的なデータを用いた計画法を用いることで，予測の不確実性を考慮した計画を立てることが可能である．また，住宅内の機器にはインバータなど非線形な特性を持つ機器も多く，線形計画法では扱えていない要素も多く，タブーサーチや遺伝的アルゴリズムなどヒューリスティックな手法も期待される．

このように，それぞれの計画法の特徴を活かし，そして様々な手法を取り入れることによって，現実の機器運用の再現性が高く，実現可能なものに近づくと考えられる．

8.3 HEMS の実証

(1) 歴史

早い段階での HEMS の実証試験としては，NEDO の「エネルギー需要最適マネジメント推進事業(平成13〜17年度)」がある．この事業は，「住宅のエネルギー(電気，ガス，灯油等)消費量を削減する手段として，住宅内の家電機器

8.3 HEMSの実証

や給湯器を宅内ネットワークでつないで複数機器の自動制御の実現により，省エネルギーを促進させるホームエネルギーマネジメントシステム(HEMS)等の実証試験を行い，省エネルギーの推進を図る事業[6]」であった．本事業には，ELクエスト，積水ハウス，三菱電機，四国電力，ミサワホーム北海道などが参加し，省エネルギー効果を中心とした実証・評価が行われた[7]．

HEMSは，2010年の長期エネルギー需給見通しと同じ時期に経済産業省より発表されたCool Earthエネルギー革新技術計画で，BEMS，地域レベルエネルギーマネジメントとともに電力システムの需給調整に貢献する技術として，21の重点的に取り組むべきエネルギー革新技術とされた．翌2009年には，1月に就任した米国オバマ大統領が，スマートグリッドを重要政策として推進したことで，世界的にスマートグリッド，スマートコミュニティなどへの関心が高まり，スマートメーターやHEMSを含む様々な実証試験が競って展開されるようになった．

我が国では，2011年11月から経済産業省により次世代エネルギー・社会システム協議会が設置され，経済産業省のスマートコミュニティ事業である，スマートコミュニティ構想普及支援事業，次世代エネルギー技術実証事業，スマートコミュニティ導入促進事業，スマートエネルギーシステム導入促進事業で，様々なHEMSへの取り組みが行われた．

2011年の東日本大震災と原子力発電所事故は，電力需給に関する大きな不安材料となり，震災後のHEMSの実証においては，本来必要な電気であっても可能な範囲で節約使用とする「節電」が大きなテーマとして取り入れられた．また2014年になると2012年に開始された固定価格買取制度による太陽光発電の大量の認定が行われたことから，出力が変動する再生可能エネルギーに対応する需給調整力としてのデマンドレスポンスを活用するHEMSの役割にも注目が集まるようになった．

HEMSは，2014年の現行エネルギー基本計画においても，スマートメーターからのBルートの情報，家電機器とエコーネット・ライト(ECHONET Lite)等の標準インターフェイスを介した情報を活用して，スマートコミュニティを構築する技術として位置づけられている．

第8章　HEMS

（2） 次世代エネルギー・社会システム実証事業[8]

次世代エネルギー・社会システム実証事業では，横浜市，豊田市，けいはんな，北九州市の，いわゆる4地域実証を始めとし，各地で，分散エネルギーマネジメントであるCEMS，BEMSとともにHEMSについて先進的な取り組みが行われた。

HEMSとしては，家庭内で効率的なエネルギー管理を行うことや，CEMSと連携し，地域の電力需給に貢献するために必要な，家庭内をネットワークで管理する技術の開発が行われた。初年度である2011年度は，太陽光発電予測，消費電力予測，データベース，デマンドレスポンス機能や，家庭内機器とのインターフェースなどのシステムの基本設計が行われた。2年目は，スマートメーターの宅内通信ルートに適用するスマートメーターとHEMS間の通信インターフェースの開発，通信環境の整備と各CEMS及び家庭内機器間の通信接続の試験，学習制御機能の開発画行われ，以降，実証・検証及び追加開発が行われ，最終年度である2014年度は最終評価が行われた。

HEMSは，エネルギーの需給状況に応じて，家庭内の創エネ機器，蓄エネ

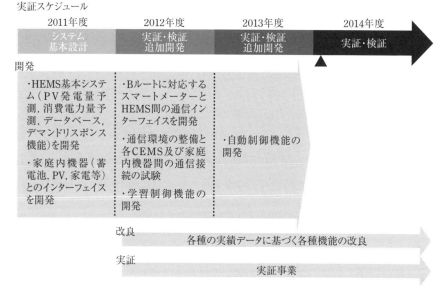

図8.3.1　実施スケジュール

8.3 HEMSの実証

	創エネ	蓄エネ	省エネ
家庭内	熱電供給 ・エネファームによる熱電供給（豊田：東邦ガス） 	自家消費率向上 ・蓄電池，PHVによるPV電力の蓄電，HPによる蓄熱（豊田：デンソー）  蓄電池最適制御 ・需要予測，PV等発電予測による蓄電池の最適制御（横浜：東京ガス，豊田：デンソー，けいはんな：オムロン，北九州：積水化学）	手動制御 ・見える化，リコメンドによるピークカット，省エネ（横浜：東芝等，豊田：デンソー，シャープ等，けいはんな：オムロン，北九州：積水化学）  自動制御 ・デマンドレスポンスに対応した自動制御（横浜：東芝，豊田：デンソー，北九州：積水化学）
複数住宅	電気・熱の住戸間融通 ・PVによる電気，エネファームによる熱を住戸間で融通（横浜：東京ガス）	共有蓄電池 ・タウン共有蓄電池に各家庭のPV余剰電力を蓄電（北九州：積水化学） 	PV電力住戸間融通 ・タウン単位でのエネルギーマネジメントによるPV電力の住戸間融通（北九州・積水化学） 

図8.3.2　HEMSの実証内容

機器，省エネ機器を制御するものであるが，その具体的な目的，方式は家庭の世帯構成やライフスタイル等に応じて異なる．このため，本実証では，様々なバリエーションを実証するために10事業を行い，従来のHEMSにはない，電力需要予測，リコメンド，自動制御，学習制御等の開発・実証が行われた．

実証事業の進捗を受けて，実証事業者は，国内のハウスメーカー，マンションディベロッパー，一般消費者を販売先として想定し，プロジェクト終了後本格的に事業展開する方向で検討を進めている．また，見える化機能等を搭載したHEMSは，新築住宅（集合住宅を含む）を中心に既に事業展開済み．今後は，主に既築住宅（集合住宅を含む）への導入を想定した簡易版から，デマンドレスポンス機能を搭載する等の高機能版まで幅広いメニューを検討し，スマートメーターの導入状況等に合わせて本格的に事業展開する方向が検討されている．

現時点での課題としては，創エネルギー，蓄エネルギー機器の最適制御等の高い機能を提供しようとすると，蓄電池等の設備投資が高額となり，一般消費者が受容できないほど投資回収期間が長期化するおそれがある．他方，電力システム改革等によって，需要家がピークカット行動を起こすほど，魅力的で利用者に負担感のないデマンドレスポンスの仕掛けを組み込めるかが，高機能

第 8 章　HEMS

HEMS の普及の鍵と考えられる。また，エネルギーだけでなく，ローカルデータに基づく魅力的なサービスの提供も重要と考えられている。

　また，その他の HEMS の実証の例は，家電メーカー，住宅メーカー，デベロッパーなど住宅，住宅機器・設備関連の企業，国や地方自治体による各種スマートコミュニティ関係の実証事業に見られる。

(3)　海外における HEMS の実証

　我が国の取り組みとしては，新エネルギー・産業技術総合開発機構（NEDO）による取り組みが大きい。NEDO では，米国ニューメキシコ州，ハワイ州マウイ島，フランスのリヨン市，スペインのマラガ市，イギリスのマンチェスター市などで，スマートコミュニティの実証事業を実施しており，そのいずれにも HEMS につながる技術実証が含まれている。

　この中で，ニューメキシコ州では，リアルタイム料金信号を配電系統 EMS から発し，モデル住宅における HEMS が応答することにより，住宅側の PV，蓄電池を制御するスマートハウスを使った自動デマンドレスポンスの実証が行われた。

　マウイ島では，需要に対して大きな割合の容量の風力が導入され，需給バランスが難しくなっている状況において，新エネルギーの出力急変時に対応でき，また需要家サイドの太陽光発電の余剰電力による影響を緩和する負荷制御技術を，今後普及が予想される EV の充電インフラや各家庭にある電器温水器のコントロールにより実施する実証が行われている。

　マンチェスター市は，枯渇する北海の天然ガスから再生可能エネルギーへの暖房熱源の変換を考えているイギリスの国策にも合致するヒートポンプに着目した。ICT による統合負荷制御システムと連動できる機能を付けたヒートポンプをマンチェスターの数百軒規模の公営住宅に設置して，需要をコントロールできる機器としてのヒートポンプの性能の実証事業が 2014 年から開始された。

　そのほか，日本が加わらない HEMS 実証事業は世界には無数にある。国内と同様であるが，見える化に留まるもの，Open ADR などの標準化技術の有無を含め自動デマンドレスポンスを行うもの，目的としては，省エネルギー，ピークカット，再生可能エネルギー発電の変動補償などに分かれる。

(4) 新たな動き

　2012年7月に開始されたFIT制度のもとでの太陽光発電の九州など偏った地域への大量導入を契機として，2014年に行われた新エネルギー小委員会系統ワーキンググループでの検討に基づき，再生可能エネルギー発電の固定価格買取（FIT）制度において，小規模の住宅用ルーフトップPVを含め出力を抑制できるようにすること，そして，太陽光発電および風力発電システムに出力抑制インフラを整備することが決まり，2015年度より太陽光発電の抑制制御の実証プロジェクトが開始された。

　太陽光発電や風力発電の出力制御の機能は，電力システム全体の需給運用に影響し，ひいては，電力システムの総費用，太陽光発電，風力発電の出力の抑制率にも影響する。今後出力制御の実証試験は抑制のためのインフラとして進められるが，他方，ルーフトップPVの抑制制御は，住宅と集中エネマネの間の需給情報の交信であることを考えると，これはHEMSを含めた集中／分散のエネマネの実現の一部と考えることもできる。ルーフトップPVの出力制御がHEMSと密接に関係して導入されれば，PVの出力制御はHEMSの新しい展開の契機になると考えることもできる。

＜参考文献＞

(1) HEMS道場 HP．http://hems-dojo.com/
(2) 荻本和彦，岩船由美子，片岡和人，池上貴志，八木田克英，"電力需給調整力向上に向けた集中・分散エネルギーマネジメントの協調モデル"，電気学会平成23年電力・エネルギー部門大会講演論文集，16，pp. 08_7 - 08_12（2011）
(3) 池上貴志，岩船由美子，荻本和彦，"電力需給調整力確保に向けた家庭内機器最適運転計画モデルの開発"，電気学会論文誌B，130（10），pp. 877 - 887（2010）
(4) 池上貴志，矢野仁之，工藤耕治，荻本和彦，"負荷平準化による発電燃料費低減を目的とした電気自動車の多数台充電制御効果の評価"，電気学会論文誌B，133（6），pp. 562 - 574（2013）
(5) 池上貴志，片岡和人，岩船由美子，荻本和彦，"逆潮流電力制約下における太陽光発電導入住宅での蓄電池の充放電運用手法の評価"，電気学会論文誌C，133（10），pp. 1884 - 1896（2013）

第8章　HEMS

⑹　2005事業内容紹介，NEDO(2006)
⑺　家庭用エネルギー管理システム(HEMS)の普及に関する課題とその動向―過去の実証の分析による課題整理―，電力中央研究所研究報告，Y12011(2013)
⑻　我が国のスマートコミュニティ事業の現状〜概要〜，次世代エネルギー・社会システム協議会，第16回資料(2014)

第9章

EMS に関わる標準化の動向

第9章 EMS に関わる標準化の動向

本章では，EMS に関わる標準化動向として，デマンドレスポンス(DR)，OpenADR（第9.1節），BEMS（第9.2節），FEMS（第9.3節），HEMS（第9.4節）に関する各標準化動向について紹介する．さらに各 EMS の上位概念的な領域として，コミュニティにおける多様なインフラを対象とするスマートコミュニティインフラの標準化動向（第9.5節）についても紹介する．

9.1 デマンドレスポンス・OpenADR の標準化動向

(1) OpenADR の生い立ち

従来の DR の実施方法では，電力需要家は，電力会社から需要抑制の要請を受けると，必要な時間に合わせて手動で照明を落としたり，空調設定温度を緩和したりなどの需要調整を行う．しかしその都度の対応は，担当者にとって煩わしいばかりでなく，需要抑制を行う担当者が不在であったり，別の業務で持ち場を離れることができないなどの理由により，確実に需要抑制が実施されない場合もありえる．こうした問題を解消するために，米国ローレンスバークレー国立研究所のデマンドレスポンス研究センターでは，2002年から自動デマンドレスポンス(Automated Demand Response, ADR)という技術を開発してきた．ADR 技術はインターネットを使った通信を行うもので，高度な技術によって工学的に困難な問題を解決するというものではなく，普及技術を活用すること

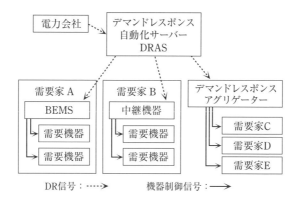

図9.1.1 自動デマンドレスポンスのシステム構成の例

9.1 デマンドレスポンス・OpenADRの標準化動向

により,安価に確実に普及できる通信方式を確立するという目的で開発された[1]。

図9.1.1は,ADRのシステム構成の例である。電力会社やアグリゲータ,需要家の間にデマンドレスポンス自動化サーバーDRAS(Demand Response Automation Server)が配置されており,このDRASがデマンドレスポンス信号を電力会社から受信し,需要家やアグリゲータに発信するという構成になっている。図の例では,需要家Aが大口需要家で,BEMSがデマンドレスポンス信号を受信し,構内の需要機器に制御信号を送る形態をとっている。需要家Bの例は,BEMSを持たないような中小規模ビル需要家で,BEMSの代わりにデマンドレスポンス信号を受信し,需要機器の電源のリレーを入り切りする制御信号を送信する中継機器を使用している。需要家C,D,Eについては,需要抑制に必要な通信や制御を需要家に成り代わって実施し,実施した需要抑制をデマンドレスポンスの成果として一括して取りまとめて電力会社に提供する,デマンドレスポンスアグリゲータの例を示している。

図9.1.2は,ADRの沿革である。米国ローレンスバークレー国立研究所デ

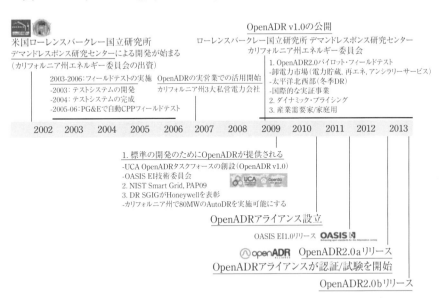

出所) LBNL DRRC ウェブサイト,PLMA 2013 Spring Conference OpenADR アライアンス資料を参考に作成

図9.1.2 ADRの沿革

マンドレスポンス研究センターは，自動デマンドレスポンスの実証実験を実施するために，DR通信システムの開発も行い，2009年にはOpenADR通信仕様書として公開した。その後，国際標準化団体OASIS（Organization for the Advancement of Structured Information Standards）が自動DRのシステム要件仕様であるOpenADR 1.0を発表し，さらに2010年には米国でOpenADRアライアンスが発足した。OpenADRアライアンスは，2012年にOpenADR 2.0a，2013年にOpenADR 2.0bを発表した。OpenADR 2.0は，OASISが作成したエネルギー相互運用（Energy Interoperation, EI）のサービスのうちデマンドレスポンスに関するもののみを切り出した規格であるが，このEIは，米国スマートグリッド相互接続性パネル（Smart Grid Interoperability Panel, SGIP）の優先行動計画（Priority Action Plan, PAP）の成果の一部を取り込んでおり，これまでの米国の標準化活動と整合していると考えられる。

OpenADRアライアンスのOpenADR 2.0bは，国際電気標準会議IECにて2011年9月に中国の提案により設置されたプロジェクト委員会PC 118により公開仕様書（Publicly Available Specification, PAS）となっている。

(2) OpenADR 2.0の概要[2]

OpenADR 2.0は，自動デマンドレスポンスを実施するために8つのサービスを示したうえで，実装しやすいサービスをいくつか選択したプロファイルを定義している。選択したサービスの違いにより，A，B，Cの3つのプロファイルが示された。ただし，実際に仕様書として取りまとめられたのはプロファイルAとBであり，プロファイルCについては取りまとめが先送りになった。それぞれのプロファイルの特徴は以下の通りである。

プロファイルA：サーモスタットのようなシンプルな装置をサポート
プロファイルB：AとCの中間
プロファイルC：アグリゲータによって使用されるような完全にITで構築されたシステム

先に示した自動デマンドレスポンスのシステム構成では，電力会社がデマンドレスポンス信号の発信者で，需要家が受信者となっており，加えて，アグリゲータは受信ならびに送信を行う。しかしOpenADR 2.0の枠組みでは，送信

9.1 デマンドレスポンス・OpenADRの標準化動向

側を仮想上部ノード VTN (Virtual Top Node), 受信側を仮想末端ノード VEN (Virtual End Node) として抽象化しており, 例えばアグリゲータは, VTN と VEN のどちらの機能も有する形で実装する (図 9.1.3)。

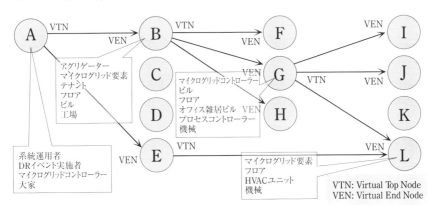

図 9.1.3 OpenADR 2.0 における VTN と VEN の相互関係の例

表 9.1.1 OpenADR 2.0 がサポートするサービス

サービス	VTN-B	VEN-A	VEN-B	VEN-B (エネルギーレポートのみ)
Event (EiEvent) イベント →機能限定	◎必須	◎必須	×不要	×不要
→完全サポート	◎必須	×不要	◎必須	×不要
Opt or Override (EiOpt) 変更もしくは書き換え	◎必須	×不要	◎必須	×不要
Reporting or Feedback (EiReport) 報告もしくはフィードバック	◎必須	×不要	◎必須 (内容は選択)	◎必須 (内容は選択)
Registration (EiRegister Party) 契約	◎必須	×不要	◎必須	◎必須
トランスポートプロトコル→ シンプル HTTP	◎必須	◎必須	○選択少なくともどちらかの一つは実装	○選択少なくともどちらかの一つは実装
→ XMPP	◎必須	○選択		
セキュリティレベル →標準	◎必須	◎必須	◎必須	◎必須
→高い	○選択	×不要	○選択	○選択

OpenADR 2.0は，表9.1.1に示すように，8つのサービスをサポートしている。サポートされるサービスの種類は，VTNとVENで異なる。プロファイルAのVEN（表中VEN-A）はデマンドレスポンス実施の通知サービスであるEiEventのみが定義対象となっており，しかも内容が限定的となっている。プロファイルBでは，EiOpt, EiReport, EiRegisterPartyの3つのサービスが追加された。プロファイルBのVTN（表中VTN-B）のプロファイルは一種類であるが，VEN（表中VEN-B）には，エネルギーレポートのみを行う簡易版も用意されている。なお，プロファイルAのVTNは現在ライセンス認証を停止している。そのため，プロファイルAのVENは，プロファイルAのVTNの上位互換であるプロファイルBのVTNと接続する。

(3) 経済産業省のデマンドレスポンスインターフェイス仕様書の概要[3]

わが国のスマートコミュニティ・アライアンス（JSCA）のスマートハウス・ビルWGの検討の場である経済産業省スマートハウス・ビル標準・事業促進検討会では，2013年5月15日に「デマンドレスポンス・インターフェイス仕様書1.0版」を発表した（以下，「DR-IF仕様1.0版」）。2012年度に同検討会にて設置されたデマンドレスポンス・タスクフォース（以下DR-TF）にて内容の検

表9.1.2 電力システム改革小委員会におけるDR類型

類型	①相対取引	②市場取引
【類型1】小売事業者等による効率的な供給力の調整を目的とするもの 売り手：需要削減余地のある小売事業者，DRアグリゲータ，大口需要家 買い手：供給力の必要な小売事業者	【類型1-①】需要家等と小売事業者の間での相対取引 需要家（アグリゲータ）と供給元の小売事業者の間での相対取引によるネガワット取引がこの類型である。	【類型1-②】卸電力取引所等での取引 小売事業者やアグリゲータが取引所を通じて他の小売事業者とDRを取引する。これにより，全体として，より経済合理的な供給が可能となる。
【類型2】系統運用者による系統の需給調整を目的とするもの 売り手：需要削減余地のある小売事業者，DRアグリゲータ，大口需要家 買い手：系統運用者	【類型2】系統運用者によるリアルタイム市場等でのDRの買取り 系統運用者がリアルタイム市場や相対契約を通じてDRを買い上げる。買い手は系統運用者のみであるため，純粋な意味での市場ではない。	

9.1 デマンドレスポンス・OpenADR の標準化動向

討がなされたもので，OpenADR の仕様に基づき，わが国におけるエネルギー供給事業者側と，需要家やアグリゲータからなる消費者側との間で取り交わされるデマンドレスポンス通信に必要な仕様を規定するものである。本仕様は，OpenADR 2.0a プロファイル仕様と，OpenADR 2.0b プロファイル仕様の一部の機能を用いている。したがって，DR - IF 仕様1.0版に基づいた製品を開発する場合には，米国の DR 通信標準の作成団体である OpenADR アライアンスの規定に従う必要がある。

DR - TF では，電力システム改革小委員会で議論されている DR とネガワット取引の類型(表9.1.2)に対応し，わが国の DR として，7つのユースケースを整理した(表9.1.3)。DR - IF 仕様1.0版は，この DR - TF にて検討された評価用ユースケースのうち，「アグリゲータ DR(UC - 1)」と「ネガワット相対

表9.1.3 デマンドレスポンスタスクフォースにおける DR ユースケース

番号	ユースケース名【類型】	主なアクター	特徴
UC - 1	アグリゲータ DR【類型1-①】【類型2】	・系統運用者・小売事業者 ・アグリゲータ ・需要家	アグリゲータが需要家から DR を調達し，系統運用者・小売事業者に供給する。
UC - 2	ネガワット市場取引 A【類型1-②】【類型2】	・系統運用者・小売事業者・アグリゲータ ・取引所	系統運用者や小売事業者，アグリゲータが取引所で DR を調達する。
UC - 3	ネガワット市場取引 B【類型1-②】【類型2】	・取引所 ・小売事業者・アグリゲータ ・需要家	小売事業者やアグリゲータ，需要家が取引所に DR を供給する。
UC - 4	ネガワット相対取引【類型1-①】【類型2】	・系統運用者・小売事業者 ・需要家	系統運用者や小売事業者が需要家から DR を調達する。
UC - 5	直接負荷制御【類型1,2】	・アグリゲータ ・需要家	直接負荷制御を行う。
UC - 6	ブロードキャスト型【類型1,2】	・系統運用者・小売事業者・アグリゲータ ・需要家	料金通知のみ行い，需要抑制 kW 計画値の情報を収集しない。
UC - 7	管外ネガワット取引【類型2】	・系統運用者	UC - 4 と大枠は同じである。ただし，連系線利用可否判定が入る。

取引(UC-4)」をスコープに含めている。すなわち，これら2つのユースケースを用いて，OpenADR 2.0仕様のうち，DR-IF仕様1.0版で必須とする部分を定めている。

DR-IF仕様1.0版で必須とされるサービスは，DRを発動するEiEventである。また，計量に関するEiReportは，アグリゲータからエネルギー供給事業者へ計量値をオンラインで伝送する場合にサポートすべきと定めている。これらのサービスに関するデータエレメントも，OpenADR 2.0仕様にて規定されているが，DR-IF仕様1.0版で必須となっているものは，より少なく限定されている。2015年6月には，DR-TFで検討した「直接負荷制御(UC-5)」と「ブロードキャスト型(UC-6)」をスコープに含めた「DR-IF仕様書1.1版」が公開された。

9.2 BEMSの標準化動向

(1) ASHRAE SSPC 135 BACnet

ビルにおける設備機器とエネルギーを総合的に管理するBEMS (Building and Energy Management System)は，設備区分ごとに異なるベンダーにより製作されたサブコントローラを中核とする複数のサブシステムと中央システムをオープン環境の通信ネットワークにて統合され，その構築のマルチベンダー化がエンドユーザにメリットがあるとして急速に実用化し普及が進んでいる。このオープン環境を実現するに必要不可欠な手法が共通の通信プロトコルである。このプロトコルに米国ASHRAE (American Society of Heating, Refrigerating and Air-Conditioning Engineers)にて開発推進され1995年12月にANSI/ASHRAE規格化されたANSI/ASHRAE Standard 135-1995 BACnet (BACnet 135-1995と略す)がBEMSに有効であるとして認められて世界的な普及が始まった。その後，BACnet通信プロトコルのアーキテクチャ，オブジェクト，サービス，エンコーデイング，セキュリティ，ANNEX等に各種の修正と追加等の更新があり，2016年現在ではANSI/ASHRAE 135-2012 BACnet[4]とそのaddendaにバージョンアップされている。

9.2 BEMSの標準化動向

BACnetのこれらの変遷と2004年のISO規格化(ISO 16484-5)により，最新のICTとBEMS技術にさらに順応し，ますます実用に即したものとなり，BEMSとしてだけではなく建築施設におけるインフラ技術となっている。

電気設備学会(IEIEJ)は我が国におけるBACnetでBEMSを構築する際のマルチベンダーによるBACnet装置間でのインターオペラビリテイの向上を一層に図るためにIEIEJ-G-0006：2006[5]としてBACnetシステムインターオペラビリテイガイドラインを2009年に公開した。

(2) ISO/TC 205とBACS

① ISO/TC 205の構成

ISO/TC 205はビルデイング環境デザインに関する国際標準を定めようとする技術委員会(TC：Technical Committee)で10のワーキンググループ(WG)から構成される。各WGの審議テーマは，屋内環境一般指針，高効率省エネルギービル，建築制御システム，屋内空気質，熱環境，音響環境，視環境，放射冷暖房システム，冷暖房システムおよびコミッショニングに関するものである。TC 205の正規メンバーは22カ国，オブザーバメンバーは27カ国である。これらの室内環境の最適化を実現する手段として建築制御システムの標準化がWG 3として位置づけられている[6]。

② ISO/TC 205WG 3の構成[7]

ISO/TC 205/WG 3は建築制御システムデザインを扱っている。ビル向けの中央監視制御システムをBACS(Building Automation and Control System)と定義しBACSに関する2015年現在のISO規格をISO 16484シリーズの下記に示す規格を審議し，一部をISO規格化した。

ISO 16484-1：BACS仕様と実装に関するプロジェクト運営原則(ISO化済)
ISO 16484-2：BACSのハードウエア(ISO化済)
ISO 16484-3：BACSの基本機能(ISO化済)
ISO 16484-4：BACSの制御応用機能(ISO化審議中)
ISO 16484-5：BACSのデータ通信プロトコル(BACnet)(ISO化済)
ISO 16484-6：データ通信適合試験(ISO化済)

ISO 16484-7：ビルのエネルギー効率向上への貢献（ISO 化審議中）
ISO/NP 17800：スマートグリッド施設情報モデル（FSGI）（ISO 化審議中）
ISO/NP 17798：BIL（Building Information Model）（ISO 化審議中）
（注：BACS にエネルギー管理機能を付加したのが BEMS である。）

ISO/TC 205/WG 3 の活動範囲をシステム構築，ハード構成，機能構成，通信プロトコル，エネルギー効率向上，情報モデル FSGIM，BIM と多岐に渡っている。これらの内容は相互に関係している（図 9.2.1 参照）。

2004 年 8 月に BACnet 2004 が ISO 化された。2015 年現在は BACnet 2012 に更新されている。

③ CEN/TC 247

CEN（European Committee for Standardization）/TC 247 は欧州におけるビルおよびホームにおけるオートメーション，マネージメントおよびサービスシステムの標準規格を目指す標準化組織である。CEN/TC 247 の WG 4 においてビル・ホームにおける Open Data Transmission を扱っている。BACS に使用される LonWorks 通信プロトコル仕様のプロトコルスタック，ツイストペア通信，パワーライン通信，IP 通信に対して EN 14908-1～4 として CEN 規格を定めた。

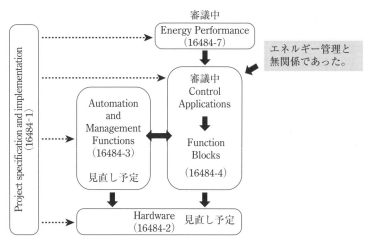

図 9.2.1　ISO 16484-1, 3, 4, 7 間の相互関係

またCEN/TS 15231のLONWORKS/BACnetマッピングおよびEN 13321-2のKNXnet/IPのCEN規格を定めた。

④空気調和・衛生工学会とBEMS[8]

空気調和・衛生工学会(以下，空衛学会と略)ではBEMSを「室内環境とエネルギー性能の最適化を図るためのビル管理システムである。ビルにおける空調・衛生設備，電気・照明設備，防災設備，セキュリティ設備などの建築設備を対象とし，各種センサ，メータにより，室内環境や設備の状況をモニタリングし，運転管理，および自動制御を行う。」と定義している。基本的にはBACSと同じ構成で室内環境とエネルギー性能の最適化に重点を置いている。

空衛学会でのBEMSの標準化の取り組みは種々あるが，2015年現在では下記の2点を目指している。

a　クラウドを活用したエネルギーの見える化に対して見せる内容，見せる精度，見せる単位，見せる方法，見せるタイミングの明確化

b　各種のBEMSにおけるデータ(情報)の抽出と有効活用のための表記名称の標準化

9.3　FEMSの標準化動向

(1)　工場とスマートグリッド間のシステム・インタフェース標準開発

工場FEMS(Facility Energy Management System)がスマートグリッドと協調して安全に効率よく機能を実行するために，「工場とスマートグリッド間のシステム・インタフェース：IEC 62872」の標準開発がIEC TC 65 WG 17にて2013年4月より進められている。TC 65は「産業プロセスにおける計測制御とオートメーションを担う機器／システムの標準化」を担当している委員会である。

開発中の文書は技術仕様書Technical Specification (IEC TS 62872：System interface between Industrial Facilities and the Smart Grid)で，工場とスマートグリッドが電力および関連する情報とその流れを管理し，双方の計画や交渉をタイミングよく正確に行えるよう要求仕様がまとめられつつある。

第9章　EMSに関わる標準化の動向

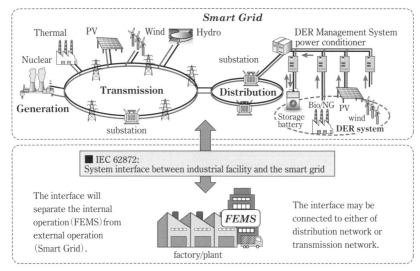

図9.3.1　IEC 62872のポジション

　TS 62872では工場を Industrial Facility と呼んでいることから(図9.3.1)本節では FEMS を Facility Energy Management System の略とする。
　工場はコミュニティにおいて大きな電力消費者であると同時に，生産スケジュールを工夫することでスマートグリッドを介して電力需要のピークを平滑化に貢献することができる。また，発電・蓄電の設備の運用次第ではスマートグリッドに電力供給を行うことも可能である。これらのアクションのためには，事前にまた必要時に適確な情報の確認と合意を工場とグリッド間で取っておかねばならない。並行して標準開発が進められている家庭やビルとスマートグリッドとのインタフェースとは異なる要件がここにある。誤った情報や操作は，社会への経済的インパクトを与えかねないことも留意すべき点である。

(2)　ユースケース分析

　工場はコミュニティにおいて大きな電力消費者であると同時に，生産スケジュールを工夫することでスマートグリッドを介して電力需要のピークを平滑化に貢献することができる。IEC TC 65 WG 17は，インタフェース要件を明確化するためにユースケース分析アプローチを取っている。本手法で，特定の状

9.3 FEMS の標準化動向

況(ユースケース)において対象としているシステム中の「アクター」と呼ばれる機能実行エンティティと,それらの間でやりとりされる「情報およびそのタイミング」を視覚化することにより,必要な送受信伝文や条件を整理していくことができる。UML にまで翻訳されるツールを使えば実システムへの実装までも効率よく進められる。

開発中の TS では以下の7つのユースケースが取り上げられている。

■通常連絡
  (1) グリッドから工場へエネルギー利用履歴を連絡
  (2) 工場からグリッドへ消費・発電の計画(Forecast)を連絡
  (3) グリッドから工場へ通常時の電力供給計画を連絡

■変更連絡
  (4) グリッドから工場へダイナミック・プライス情報を連絡
  (5) 工場からグリッドへ消費・発電計画の変更を連絡

■非常連絡
  (6) グリッドから工場へ停電のリスク(計画停電を含む)を連絡
  (7) グリッドから工場へ消費削減依頼,電力供給依頼を連絡

(3),(5),(6)および(7)のケースでは家庭・ビルと異なる工場特有のアクションと情報が必要とされる。

各々のユースケースにおいて図9.3.2にある複数アクター間での情報授受

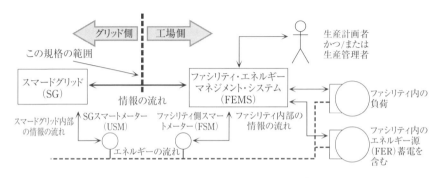

図9.3.2　アクターとアクター間の関連

第9章　EMSに関わる標準化の動向

が記載されている。本TSで最終的に要求仕様がまとめられる対象部分はスマートグリッド(SG)とファシリティ・エネルギー・マネジメント・システム(FEMS)間の情報だが、その情報の必要性を理解するために周りのアクターとのやり取りが俯瞰できる形となっている。

(3) SGとFEMS間の要求仕様

要求仕様はアーキテクチャ、セキュリティ、安全、通信、授受情報などの視点で整理される。授受情報はデータモデルや属性を固定化せず表9.3.1の様にSG、FEMS両システム間で理解できる「セマンティク:Semantic」レベルでの説明とサンプルで記載されている。

(4) 既存の標準との関連と今後

7つのユースケースから抽出された要求仕様のうち、ある部分はすでに発行されているリージョナル標準やOpenADRなどのコンソーシアムの標準技術で実現・実装可能なものもある。本TSではこれらの応用することのできる既存

表9.3.1　Information Requirement(ユースケース7の例)

	連絡方向	機能	スケジューリング	優先度	情報の意味(セマンティック)	情報／データの例
ユースケース7	SGからFEMSへの連絡	工場に対する計画変更依頼	必要時に連絡(イベントベース)	高	SGからFEMSに対し、計画されていた電力消費量の増減を依頼。もしくは計画されていた電力供給量の増減を依頼。	計画変更依頼に含まれる情報の例： ● 依頼する増減の量 ● 対象期間(開始時刻／終了時刻) ● 工場内負荷の状況に合わせた電力消費量の上限 ● SGとFEMS間で事前に取り決められた非常時プランの指定 ● 要求の緊急度 ● 環境への影響指標
	FEMSからSGへの連絡	工場からの確認応答	依頼受信後に連絡	高	FEMSからSGに対し、依頼の受け入れ可否を回答。契約によって変化させる電力需給量なども連絡	依頼に対する回答に含まれる情報の例： ● SGとFEMS間で事前に取り決められた内容に基づく承諾・拒否

の IEC，ISO 標準やコンソーシアム技術を例としてあげ，ユースケースとのどの部分でマッチしているかの分析を添えている。

一方，実装に向けた標準技術がまだそろっておらずこれから開発が必要な部分については本 TS の要求仕様をベースに TC 65 が引き続き IEC 内外の関連団体との協議がなされる予定である。

9.4　HEMS の標準化動向

(1)　ECHONET Lite

サスティナブル社会実現への関心が高まるにつれ，近年，エネルギーを消費する家電・住宅設備機器に加えて，太陽光発電システム，燃料電池システム，蓄電池などの創畜エネ機器が急速に家庭に普及しつつある。これらの家庭機器を柔軟かつ適切に制御し，快適な住環境を最小限のエネルギー消費で実現するのが HEMS (Home Energy Management System) であり，それへの期待も高まっている。各家庭に導入される家電や住宅設備機器は複数メーカーのものになることが一般的なので，HEMS による家庭機器の制御はこのような環境を想定する必要があり，HEMS とこれらの機器の間の公知かつ標準化されたインタフェースが重要になる。ECHONET Lite は，一般社団法人エコーネットコンソーシアムにより開発・維持されている，公知かつ標準化されたインタフェースである。2012 年 2 月にスマートコミュニティアライアンス　国際標準化 WG　スマートハウス標準化検討会において，HEMS と機器間の標準プロトコルとして推奨されている。

ECHONET Lite の適用範囲は HEMS のエネルギー管理サービスにとどまらない。ネットワーク接続された家庭の機器が，インターネットにより様々な IT 関連サービスと連携するあらゆる場面で応用可能である（図 9.4.1）。例えば，スマートフォンからのエアコンや照明などのコントロールや，冷蔵庫の扉の開閉情報を使用した見守りサービスの実現が可能である。さらに，故障情報を HEMS に通知できることを活用した機器リモートメンテナンスサービスも既に提供されている。エコーネットの目指す姿は，「家庭と社会をネットワー

第9章 EMSに関わる標準化の動向

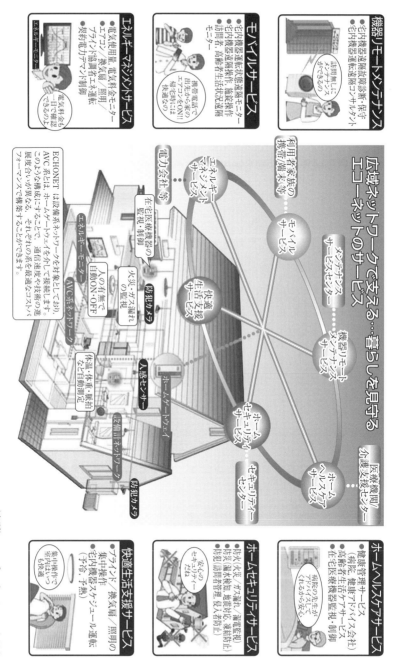

図9.4.1 エコーネットの目指す世界

(出所)エコーネットコンソーシアム

9.4 HEMSの標準化動向

クで接続し，生活環境を豊かにするさまざまなサービス市場を創造」すること
にある[9]。

(2) ECHONET Lite による家電機器制御

図9.4.2に，ECHONET Lite による家電機器制御の概要を示す。ECHONET Lite は，家庭内で分散配置されている家電機器に対して，HEMSから指令を送るための枠組みを規定している[10]。

個々の家電機器は機器オブジェクト[11]を持つ。機器オブジェクトとは，エアコンや洗濯機といった家電機器が保持する情報や制御項目をモデル化し，HEMSが自在に家電機器をコントロールするための指令内容を規定したものである。機器オブジェクトは機器の種別(例えば，家庭用エアコン)毎に規定されており，異なるメーカーの機器であっても同一機器種別であれば，まったく同じコマンドで機器制御ができるようになる。さらに，機器オブジェクトからの情報の読み書きのシーケンス，また，その情報を運ぶ電文構成といった，機器オブジェクトに対して遠隔から指令を与える時の通信方法もあわせ規定している。これらによって，統一的な手法により，ホームエネルギーマネージメントソフトウェアから各種家電機器をコントロールすることを可能にしている。

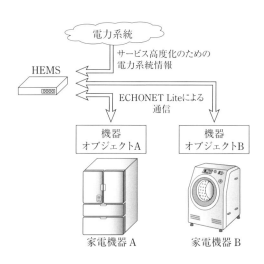

図9.4.2 ECHONET Lite による家電機器制御

現在規格書に記載されている，ECHONET 機器オブジェクトが定義された機器の一例を図9.4.3に示す。火災センサー，人体検知センサーといった，セキュリティ関連機器，エアコン，照明といった家電機器に加え，太陽光発電システム，家庭用燃料電池，家庭用蓄電池などの創蓄エネ機器の機器オブジェクトが定義されている。ECHONET の特徴のひとつは，豊富な機器オブジェクト規定である。現在90種類以上の機器オブジェクトが定義されている。豊富な種類の機器オブジェクトが定義されていることから，HEMS は家庭内に存在する機器を自由自在に組み合わせてコントロールでき，高度なサービスを提供できる。さらに，エコーネットコンソーシアムでは，会員企業からの提案により機器オブジェクトの改定・新規策定を継続して行っており，ECHONETで制御できる機器は増え続けている。

(3) ECHONET Lite の国際標準化対応

エコーネットコンソーシアムでは，本規格を国際標準化の舞台で認知しても

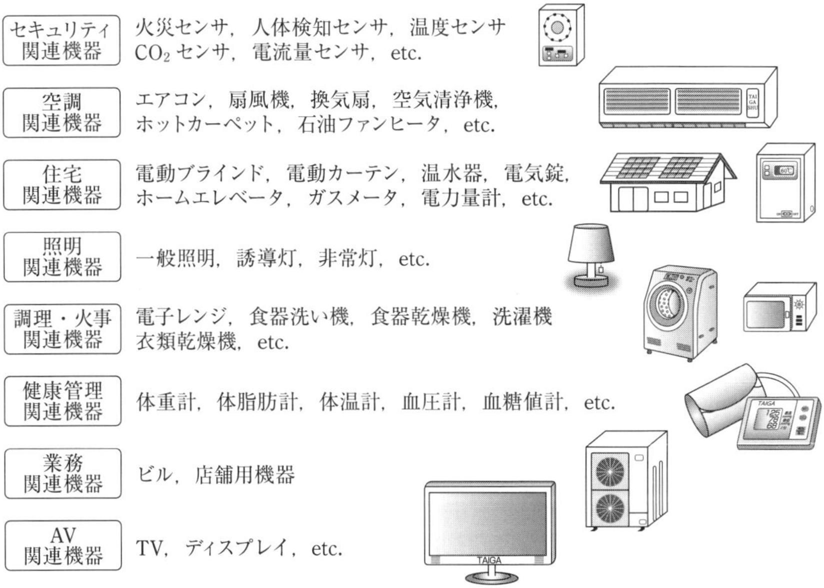

セキュリティ 関連機器	火災センサ，人体検知センサ，温度センサ CO_2 センサ，電流量センサ，etc.
空調 関連機器	エアコン，扇風機，換気扇，空気清浄機， ホットカーペット，石油ファンヒータ，etc.
住宅 関連機器	電動ブラインド，電動カーテン，温水器，電気錠， ホームエレベータ，ガスメータ，電力量計，etc.
照明 関連機器	一般照明，誘導灯，非常灯，etc.
調理・火事 関連機器	電子レンジ，食器洗い機，食器乾燥機，洗濯機 衣類乾燥機，etc.
健康管理 関連機器	体重計，体脂肪計，体温計，血圧計，血糖値計，etc.
業務 関連機器	ビル，店舗用機器
AV 関連機器	TV，ディスプレイ，etc.

(出所)エコーネットコンソーシアム資料を基に筆者作成

図9.4.3　機器オブジェクト例

9.4　HEMSの標準化動向

らうために，国内審議団体・国内委員会と連携しながらISOやIECの場で活動を行っている。ECHONET Lite 規格の国際標準化活動について図9.4.4に示す。ECHONET機器オブジェクトについては，IEC TC 100で国際標準化活動を行っている。IEC 62394の改定作業の機会をとらえ，機器オブジェクト規定を追加した。この国際標準化文書は，2013年10月にIEC 62394 Ed 2.0として出版されている。また，ECHONET Lite 通信ミドルウェアについてもISO/IEC JTC 1 SC 25 WG 1での国際標準化文書(ISO/IEC 14543-4-3)として，2014年3月CD文書(委員会原案)承認され，2015年9月にIS(国際規格)として登録が完了した。

以上のECHONET Lite 仕様そのものの国際標準化活動に加えて，エコーネットコンソーシアムは，さらに，HEMSサービスの高度化に必要な情報を電力系統から得るべく，スマートグリッドと需要家間のインタフェース仕様の標準化を行っているIEC TC 57 WG 21にも参加している。図9.4.2において，

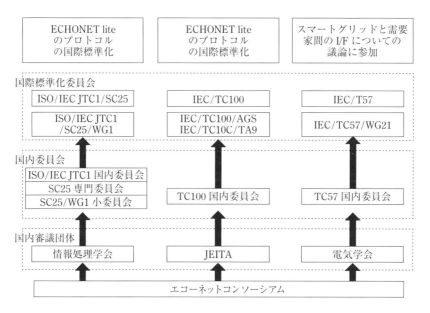

(出所)エコーネットコンソーシアム資料を基に著者作成
図9.4.4　ECHONET Liteの国際標準化活動

第9章　EMS に関わる標準化の動向

サービス高度化のために必要な情報（例えばリアルタイムの電力料金）を電力系統から受け取り，その情報に従って家庭内の機器を制御する（例えば電力料金が安い期間に家庭機器を動作させる）ことで，新しい高度なサービスを提供できるようになる。この高度サービスに必要な情報の国際標準が重要である。

IEC TC 57 WG 21 は，現在，電力系統と宅内機器の連携により実現されるサービスに関するユースケースを纏め，それらからスマートグリッドと需要家間のインタフェースに対する要求条件をリストアップし，IEC TR 62746-2 としてまとめたところである。この文章に対し，エコーネットコンソーシアムから電力系統と ECHONET Lite が連携するユースケースを提案した。

エコーネットコンソーシアムにて作成したユースケースは以下の4種類である。
- 時間帯別料金情報に対応した宅内機器の制御：電力会社からの時間帯別料金に対応して宅内機器を制御
- 節電要請に対応した宅内機器の制御：電力会社からの節電要求に対応
- 停電開始までの宅内機器の制御：停電に備え，停電前に宅内機器を制御
- 甚大災害時の宅内機器の制御：甚大災害発生時に宅内機器を動作させる優先度を変化させる

これらのユースケースが国際標準仕様で実現できるよう，エコーネットコンソーシアムは引き続き活動を行ってゆく予定である。

9.5　スマートコミュニティインフラの標準化動向

コミュニティインフラとは，都市，街区等，様々な類型のコミュニティを対象に開発・運用されるインフラである。本節では，そのスマート化（スマートコミュニティインフラ）に関する国際標準化動向について紹介する。

(1)　国際標準化の背景・経緯

近年，「スマートコミュニティ」や「スマートシティ」といった，いわゆるスマートな街づくりを志向するコンセプトや開発プロジェクトが乱立しており，人によってスマートな街づくりに対する解釈は異なる状況である。日本は国を挙げてインフラ輸出の拡大をめざしているが，日本のコミュニティインフラの

9.5 スマートコミュニティインフラの標準化動向

強みである環境性能や信頼性等が，輸出先でスマートな街づくりに資するものとして評価されなければ，輸出拡大が進まない可能性がある。

そこで日本は，日本のコミュニティインフラの強みが世界各地で適切に評価される環境づくりをめざし，ISOに対し，コミュニティインフラのスマートさを評価する「スマートコミュニティインフラ評価指標」の新規作業項目提案を行い，ISO/TC 268/SC 1「Smart community infrastructures」として可決された（2012年2月）。なお，国際議長，幹事とも日本が務めている。

ISO/TC 268/SC 1が扱う国際標準化の領域を図9.5.1に示す。対象とするコミュニティインフラはこれらに限定するものではないとしつつ，まずコミュニティ内のエネルギー，水，交通，廃棄物，ICTの各インフラを想定している。各インフラ分野の中には既に評価指標に係る国際標準が存在するものもあるが，基本的に各インフラ分野に閉じたものである。ISO/TC 268/SC 1は，各インフラ分野での標準化成果を尊重することとしつつ，自治体等がすべてのコ

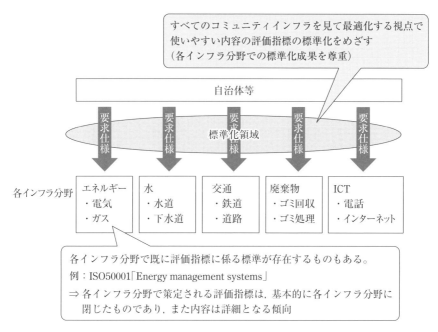

図9.5.1　スマートコミュニティインフラの標準化領域

ミュニティインフラを見て全体最適化をめざすことを想定して，それに応えられる内容の評価指標の標準化をめざしている。

ISO/TC 268/SC 1は，これまでISO/TR 37150(Technical Report，技術報告書)，ISO/TS 37151(Technical Specification，技術仕様書)という2つの文書を発行している。以下，各文書の概要について紹介し，最後に今後の標準化動向について触れる。

(2) ISO/TR 37150の概要

ISO/TR 37150「Smart community infrastructures - Review of existing activities relevant to metrics」[12]は，スマートコミュニティインフラに関連する世界の活動を広く調査・整理・分析した結果と，スマートコミュニティインフラ評価指標が備えるべき特徴，および標準化の進め方について提示している技術報告書である(2013年9月可決，2014年2月発行)。

スマートコミュニティインフラに関連する活動の調査では，世界中から合計152件の活動が収集されている。そして，コミュニティインフラとの関係，スマートさとの関係，性能評価との関係等の観点で分析がなされている。

次いで，スマートコミュニティインフラ評価指標が備えるべき特徴として，「コミュニティにおける複数の視点間(例：生活の質と環境)のトレードオフやシナジーを考慮するものであること」「コミュニティにおける複数のインフラを全体的視点で見られるものであること」等を導いている。

最後に，標準化の進め方として，特定のインフラ分野やコミュニティの類型に依存しない原則・要求事項の策定から着手すべきと提言している。

(3) ISO/TS 37151の概要

ISO/TS 37151「Smart community infrastructures - Principles and requirements for performance metrics」[13]は，ISO/TR 37150での提言を踏まえ，コミュニティごとに評価すべきスマートコミュニティインフラ評価指標を定める方法について，原則・要求事項を規定している技術仕様書である(2014年9月可決，2015年5月発行)。本TSは，自治体等，コミュニティ運営者が当該コミュニティで評価すべき指標を定めることをサポートすること，また，コミュニティインフラに係る多様なステークホルダ間の議論を促進すること等を意図して策定さ

れている。

本TSはまず，当該コミュニティで評価すべき指標は，当該コミュニティの「コミュニティ課題」と関係したものであるべきという原則を規定している。コミュニティ課題とは，経済，安全，環境汚染等，コミュニティごとに異なる，さまざまな観点から構成される解決すべき課題群である。

次に本TSは，上記の原則を踏まえつつ，以下のステップに従って指標を定めることを要求事項として規定している。

Step (a) コミュニティインフラの利用者(住民)，コミュニティ運営者，環境を含む主要なステークホルダの「視点」を列挙する。ここで環境とは，インフラによって周辺環境・地球環境にもたらされる負の影響を受ける者の視点である。

Step (b) 「視点」ごとに，コミュニティインフラに対する重要な「ニーズ」を特定する。なお，環境視点のニーズとして『気候変動の抑制』等，最低限考慮しなければならないニーズが規定されている。

Step (c) 「ニーズ」を「性能特性」に置き換える。性能特性とは，特定のインフラ分野に依存しない表現で，評価すべき観点を表したものである。本TSに，『温室効果ガス排出量』等の性能特性の例示がある。

Step (d) 各インフラ分野で「性能特性」を計測するための「評価指標」を決定する。本TSの付録に評価指標の例示がある。

以上の方法によって，コミュニティごとに，コミュニティ課題の改善に資するスマートコミュニティインフラ評価指標が定められる。

(4) 今後の標準化の動向

ISO/TC 268/SC 1では，今後の標準化の方向として，次のことが予定されている(2015年1月時点の予定であり，その後変更の可能性がある)。

1つ目の候補は，ISO/TS 37151に準拠した，各インフラ分野の評価指標の策定である。すべてのコミュニティインフラを見て全体最適化をめざす自治体等の視点と，各インフラ分野の専門家の視点とを摺り合わせながら策定が進むことが想定される。

2つ目の候補は，ISO/TS 37151を様々な類型のコミュニティに適用して有効

性を確認することである．TS には発行後3年以内(その後は3年ごと)に見直しを行うことがルールとして定められており，その際に IS 化(International Standard，国際標準)に臨む機会がある．TS に比べ IS が求める遵守義務は強くなる分，IS 化に求められる承認レベルは高いものがあるが，事前に TS の有効性を確認しておくことで IS 化を後押しすることが期待される．

スマートコミュニティインフラを対象とした標準化については，他に開発・保守・運用の方法論に関するものや，データ共有に関するもの等，様々な活動が立ち上がり始めている．国際標準化分野において，いままさに熱い領域の一つである．

＜参考文献＞

(1) 浅野浩志，山口順之，"デマンドレスポンス(DR)の動向と課題"，電力時事通信，第 7027 号(2014)
(2) 浅野浩志，山口順之，"国内外のデマンドレスポンス実証と活用の動向"，電気評論，10 月号(2014)
(3) 「スマートグリッドにおける需要家施設サービス・インフラ」，電気学会技術報告，第 1332 号(2015)
(4) ANSI/ASHRAE Standard 135 - 2012 "A data Communication Protocol for Building Automation and Control Network" ANSI/ASHRAE 2012
(5) 電気設備学会編，"BACnet システムインターオペラビリテイガイドライン IEIEJ - G - 0006：2006"，電気設備学会，2006 年
(6) 豊田，"BACS と BACnet の動向"，電気設備学会誌，Vol. 32，No. 2(2012)
(7) 中原，"ISO/TC205 と WG3 の概要"，電気設備学会誌，Vol. 33，No. 2(2013)
(8) 空気調和・衛生工学会編，「環境・エネルギー性能最適化のための BEMS ビル管理システム」，空気調和・衛生工学会(2001)
(9) 平原茂利夫，"スマートハウスを実現する公知な標準インターフェース「ECHONET Lite」"，技術総合誌 OHM，4 月号(2014)
(10) エコーネットコンソーシアム：エコーネット規格(一般公開)，http://echonet.jp/spec/
(11) エコーネットコンソーシアム："APPENDIX ECHONET 機器オブジェクト詳細規定 Release F"，http://echonet.jp/spec/
(12) ISO/TR 37150：2014「Smart community infrastructures-Review of existing activities relevant to metrics」(2014)

(13) ISO/TS 37151：2015「Smart community infrastructures-Principles and requirements for performance metrics」(2015)

おわりに

　従来，日本は，自動車，各種家電製品，半導体などを輸出の中心として，高度成長を成し遂げ，「メイド・イン・ジャパン」という言葉がもてはやされた。しかし，例えば，家電製品については，様々な製品のコモディティ化により，東南アジアや中国といった新興国でも生産が可能となり，家電メーカは厳しい事業環境にさらされている。その他の製品も異なる状況ではあるが，いずれにせよ，かつての世界シェアをキープすることは難しくなっており，輸出立国である日本を支える次の製品が待ち望まれている。このため，経済産業省を中心に，コモディティ化が困難で多くの単品機器のすり合わせ技術が必要となる様々なシステムのインフラ輸出を成長戦略の柱とするべく，官民をあげた様々な動きを見せている。

　とくにエネルギーという観点からは，我が国においては，1970年代の2回のオイルショックを契機に様々な分野において各種省エネ技術と製品が開発されてきており，GDP当たりの一次エネルギー供給は世界有数の少なさとなっている。このような省エネ技術を輸出しようと，官民連携により2008年に「世界省エネルギー等ビジネス推進協議会」も設立されている。しかし，残念ながら，自動車，家電製品，半導体と同じように輸出の中心になっているという状況には，まだほど遠い状況である。しかし，エネルギー・環境問題は，地球温暖化を食い止めるべく，気候変動枠組条約締約国会議（COP）などに代表されるように，世界的な潮流となっている。スマートコミュニティは，このような流れに沿った世界的な潮流にマッチした分野であるとともに，日本の得意な各種省エネ機器をシステムとしてすり合わせることが必要なシステムのインフラ輸出の1つである。また，供給予備力に応じて消費を制御するデマンドレスポンスの考え方は，まだまだ日常

おわりに

的にエネルギー供給不足に悩む新興国のスマートコミュニティ化には有効な技術と考えられる。

つまり，スマートコミュニティは，輸出立国をもう一度蘇らせる重要な技術の1つと考えられ，具体的に次の輸出の1つの柱とするべく，様々な国の実証試験が始まっている。これに加え，東日本大震災によって壊滅的な打撃を受けた東北の各市町村の復興という災害に強い新しい街づくりという意味合いも含めた，スマートコミュニティは，ますます大きな意味合いを持ってきている。

このような背景の中，スマートコミュニティの様々な技術を単なる読み物としてではなく，一歩踏み込み，技術的な観点からまとめた本書の意味合いは大きいと考えている。本書では，地域のエネルギー供給を取りまとめるCEMSに加え，工場・ビル・家庭などの様々な需要家のエネルギーの効率化を実現するFEMS，BEMS，HEMSの実現技術をまとめた。また，これらのEMSの共通技術としての再生可能エネルギーの発電予測，需要予測，電力貯蔵，電熱併給技術および，需要と供給の新しい連携となるデマンドレスポンス技術についてまとめた。さらに，グローバル市場ではビジネス上の重要なキーとなる標準化技術の最新動向についてもまとめた。

スマートコミュニティは，別な言い方では環境配慮都市やスマートシティとも呼ばれているように，都市全体を環境配慮型に変える取組である。インフラ輸出には各国首脳がトップ外交を進めているが，スマートコミュニティもインフラ輸出の1つとして国のトップ外交が欠かせない分野であると考えられる。また，都市全体を対象としていることから，様々な業種の会社が連携して取り組む必要がある分野である。つまり，従来の自動車，各種家電製品，半導体のように1つの会社だけで取り組むには限界があり，業種を超え，日本が一丸となって取り組むべきビジネスである。

おわりに

　本書が，スマートコミュニティをビジネス化するために働く個々の技術者の助けとなることを祈念するとともに，官民あげた取組によりスマートコミュニティが「インフラ輸出」の柱として本当の意味でビジネスとして展開されることを期待したい。

監修　田村　滋

福山　良和

索　引

索　引

【A】

AR（Autoregressive）モデル……… 38
ARMA（Autoregressive Moving
　　Average）………………………38
ASHRAE……………………………95
ASHRAE Standard 135……………95

【B】

BACnetTM……………………………95
BEE…………………………………112
BEMS…………………………83, 90
BEST………………………………109

【C】

CASBEE……………………………112
CEC…………………………………103
CEMS……………………………74, 138
CO_2排出量の最小化………………128
CPP……………………………………61

【D】

DECC………………………………116
DP……………………………………138

【E】

ECHONET Lite……………………177
EDLC…………………………………47

【F】

FEMS………………………………173
FERC…………………………………63

【G】

GSM（全球域）…………………24, 31
GSM（日本域）………………………31

【H】

HEMS……………………………83, 142

【I】

IBEC…………………………………109
ISO/TC 205 委員会…………………92
ISO/TC 268/SC 1……………………183
ISO/TR 37150………………………184
ISO/TS 37151………………………184
ISO 16484……………………………92

【J】

JIT（Just-in-Time）モデリング…25, 41

【L】

LFM……………………………24, 31
Li イオン電池………………………47
Load as Capacity Resource………61
LONMARK…………………………96
Lonworks……………………………95

【M】

MA（Moving Average）……………38
MSM……………………………24, 31

【N】

NaS……………………………………47

【O】

OpenADR……………………………176
OpenADR 1.0………………………166
OpenADR 2.0………………………166
OpenADR 2.0a………………………166
OpenADR 2.0b………………………166
OpenADR 通信仕様書………………166

索　引

OpenADR アライアンス............166

【P】

PAL.....................................103
PSO.....................................132

【R】

Regulation 調整力....................61

【S】

SCADA..................................82
Smart community infrastructures....183
Support Vector Machines............25

【V】

V 2 G....................................49

【い】

一次エネルギー........................97
遺伝的アルゴリズム.................156
インセンティブ...................79, 66

【え】

エコーネット・ライト
　（ECHONET Lite）.............157
エネルギー管理システム............90
エネルギーコストの最小化........128
エネルギーシミュレーション
　ツール..............................109
エネルギー消費係数.................103
エネルギー消費原単位................99
エネルギー消費原単位管理ツール
　..100
エネルギーの使用の合理化に関す
　る法律..............................105
エネルギーマネジメントシステム...35

【お】

オンサイト型の FEMS.............126

【か】

回路計算..................................2
確率的な需給計画......................78
仮想上部ノード VTN（Virtual Top
　Node）..............................167
仮想末端ノード VEN（Virtual End
　Node）..............................167
環境性能効率..........................112
間接制御.........................145, 149
管網解析..................................2

【き】

機器オブジェクト....................179
気象業務支援センター..........25, 31
供給予備力...............................6
緊急ピーク料金........................61
近未来のエネルギー需要量........125

【く】

クラウド型 FEMS...................127

【け】

経済負荷配分...........................14
系統ピーク反応送電料金............61
けいはんな PJ.........................82
決定木...................................42
建築......................................90
建築環境・省エネルギー機構....109
建築環境総合性能評価システム....112
建築基準法..............................90
建築施設................................90

195

索　引

【こ】

高効率なエネルギー管理‥‥‥‥126
工場‥‥‥‥‥‥‥‥‥‥‥‥‥173
構造化ニューラルネットワーク‥‥131
コージェネレーション‥‥‥‥‥135
国家エネルギー政策法（EPAct）‥‥‥63
コミュニティインフラ‥‥‥‥‥182
混合整数計画問題‥‥‥‥‥‥‥150
混合整数線形計画法‥‥‥‥‥‥156
混合整数線形計画問題‥‥‥‥‥150

【さ】

再生可能エネルギー‥‥‥‥46, 130
再生可能エネルギーの大量導入‥‥‥75
最適化‥‥‥‥‥‥‥‥‥‥‥‥127

【し】

時間帯別料金‥‥‥‥‥‥‥‥‥‥61
自動デマンドレスポンス（Automated Demand Response, ADR）‥‥‥‥164
遮断可能電力‥‥‥‥‥‥‥‥‥‥61
重回帰モデル‥‥‥‥‥‥‥‥‥‥40
集中エネルギーマネジメントシステム‥‥‥‥‥‥‥‥‥‥‥‥145
充電率（State of charge: SOC）‥‥48
周波数制御‥‥‥‥‥‥‥‥‥‥‥14
需要家 EMS‥‥‥‥‥‥‥‥‥‥83
需給計画機能‥‥‥‥‥‥‥‥‥‥76
需給制御機能‥‥‥‥‥‥‥‥‥‥76
需給バランス‥‥‥‥‥‥‥‥‥3, 4
需給バランス制御‥‥‥‥‥4, 10, 13
需要側入札と需要買い戻し‥‥‥‥61
需要の能動化‥‥‥‥‥‥‥‥‥146
需要予測‥‥‥‥‥‥‥‥‥‥‥‥10
省エネ法‥‥‥‥‥‥‥‥‥‥‥105
省エネルギー制御‥‥‥‥‥‥‥101
診断‥‥‥‥‥‥‥‥‥‥‥‥‥130
信頼区間の予測‥‥‥‥‥‥‥‥‥28

【す】

数値予報モデル‥‥‥‥‥‥24, 31
数理計画法‥‥‥‥‥‥‥‥‥‥133
スマート家電‥‥‥‥‥‥‥‥‥142
スマートコミュニティ‥‥‥‥67, 74
スマートコミュニティインフラ‥‥182
スマートコミュニティインフラ評価指標‥‥‥‥‥‥‥‥‥‥‥183
スマートハウス‥‥‥‥‥‥66, 144

【せ】

制御を伴う緊急ピーク料金‥‥‥‥61
線形計画法‥‥‥‥‥‥‥‥‥‥133
線形モデル‥‥‥‥‥‥‥‥‥‥130
全国共同利用型エネルギー管理支援サービス‥‥‥‥‥‥‥‥‥127

【そ】

総エネルギー消費量‥‥‥‥‥‥‥98

【た】

タブーサーチ‥‥‥‥‥‥‥‥‥156
多変数モデル予測技術‥‥‥‥‥133
多変数モデル予測制御‥‥‥‥‥133

【ち】

蓄電池‥‥‥‥‥‥‥‥‥‥47, 130
蓄熱設備‥‥‥‥‥‥‥‥‥‥‥130
中間層素子‥‥‥‥‥‥‥‥‥‥131
潮流計算‥‥‥‥‥‥‥‥‥‥‥‥2
直接制御‥‥‥‥‥‥‥‥‥145, 149
直接負荷制御‥‥‥‥‥‥‥‥‥‥61

索　引

【て】

デマンドレスポンス（Demand Response：DR）……………60
デマンドレスポンス……65, 79, 138, 145
デマンドレスポンス・インターフェイス仕様書1.0版…………168
デマンドレスポンス自動化サーバー DRAS（Demand Response Automation Server）……………165
電気と熱の需要………………135
電気二重層コンデンサ……………47
電力貯蔵システム………………43

【と】

同期予備力………………………61
動的な最適化……………………125
トップランナー制度……………106

【な】

ナトリウム・硫黄電池……………47
鉛蓄電池…………………………47

【に】

二次エネルギー…………………97
二次計画法………………………133
二重構造の最適化問題……………77
日本ビルエネルギー総合管理技術協会………………………115
ニューラルネットワーク………25, 130

【ね】

ネガワット取引…………………69
ネガワット取引の類型…………169
年間熱負荷係数…………………103

【の】

延床面積原単位…………………99

【は】

パターン認識……………………130
バックアップ……………………46
発電機起動停止計画………………11

【ひ】

ピークカット……………44, 66, 84
ピークシフト……………44, 66, 84
非住宅……………………………90
非住宅建築物のエネルギー消費量データベース………………116
非線形計画法……………………133
非線形最適化技術………………131
非線形モデル……………………130
非同期予備力……………………61

【ふ】

負荷調整余力……………………66
負荷平準化………………………44
負荷予測…………………………10
フライホイール…………………48
フリークーリング………………135
プロファイル……………………166
分位点回帰………………………29
分散エネルギーマネジメントシステム……………………146

【へ】

平均値①…………………………117
平均値②…………………………117

197

索　引

【み】

見える化 …………………… 127

【め】

メタヒューリスティック ……… 132
メンテナンスコストの最小化 …… 128

【ゆ】

ユースケース分析 ……………… 174

【よ】

予測 ………………………… 130
予測技術 …………………… 130
予測機能 ……………………… 76
予測誤差 ……………………… 77

【ら】

ランプ変動 …………………… 22

【り】

リアルタイム料金 ……………… 61

【れ】

連携制御 ……………………… 18
連邦エネルギー規制委員会（Federal Energy Regulatory Commission）オーダー888，889 ………… 63

【わ】

分かる化 …………………… 127

製品ガイド

製品ガイド

株式会社日立製作所 産業・流通ビジネスユニット 産業ソリューション事業部

〒170-8466　東京都豊島区東池袋四丁目5番2号
TEL 03-5928-8250　FAX 03-5928-8779
http://www.hitachi.co.jp/products/infrastructure/product_site/emilia/

■製品名
統合エネルギー・設備マネジメントサービス「EMilia」

■概要

サービス全体像

サービス画面例

「EMilia」は当社の日本における登録商標です。

■仕様
オフィスや工場など，多拠点のエネルギーや設備の統合管理が可能。省エネ・業務効率向上を支援。

■特長
日立クラウドセンターを利用する「パブリッククラウド型」，現地でシステムをクローズする「ローカルサーバー型」，これらを併用した「ハイブリッド型」を用意。利用形態や目的に合わせてシステムモデルを選択可能。
「サービスモール」コンセプトのもと，日立製品をはじめさまざまなベンダー設備との接続を実現。
ユーザー向け管理画面を通じ，「監視」・「分析」・「制御」・「報告」に分類した各種サービス機能を提供します。

製品ガイド

富士電機株式会社

〒141-0032　東京都品川区大崎一丁目11番2号　ゲートシティ大崎イーストタワー
TEL 03-5435-7111
http://www.fujielectric.co.jp

Innovating Energy Technology

エネルギー技術を、究める。

電気、熱エネルギー技術の革新の追求により、
エネルギーを最も効率的に利用できる製品を創り出し、
安全・安心で持続可能な社会の実現に貢献します。

富士電機株式会社　〒141-0032 東京都品川区大崎1-11-2(ゲートシティ大崎イーストタワー) TEL.03-5435-7111

製品ガイド

三菱電機株式会社

〒100-8310　東京都千代田区丸の内2-7-3　東京ビル
TEL 03-3218-9335　　FAX 03-3218-3164
www.MitsubishiElectric.co.jp/hems

■製品名

三菱HEMS　HM-ST03(-E, -W)

■製品写真

操作画面
タブレット
スマートフォン

情報収集ユニット
HM-GW03

エネルギー計測ユニット
HM-EM03(-E,-W)

■仕様

情報収集ユニット(HM-GW03)
エネルギー計測ユニット(HM-EM03-E, -W)

■特長

三菱HEMSは，家電や機器をネットワークでつなぎ，快適，安心，省エネをサポート。エネルギーの見える化や活用はもちろん，機器連携運転，省エネ自動運転，スマホでの宅外操作など役立つ機能が充実。自宅のどこにいても快適に過ごせること。機器の運転状況を通じて外出先から家族の様子を確認できること。気づかなかった電気のムダを改善できること。ご家族の生活シーンに寄り添い，もっとホッとできる暮らしを実現します。

本書に掲載されている会社名，および製品名は，一般に各社の登録商標または商標です．

2016年8月1日　初版第1刷発行

スマートコミュニティのためのエネルギーマネジメント （定価はカバーに表示してあります）

NDC：544

編　　者	スマートグリッド編集委員会
発　行　者	金　井　實
発　行　所	株式会社　大河出版

（〒101-0046）東京都千代田区神田多町2-9-6
　　　　　　TEL（03）3253-6282（営業部）
　　　　　　　　（03）3253-6283（編集部）
　　　　　　　　（03）3253-6687（販売企画部）
　　　　　　FAX（03）3253-6448
　　　　　　http://www.taigashuppan.co.jp
　　　　　　info@taigashuppan.co.jp
　　　　　　振替 00120-8-155239番

〈検印廃止〉
落丁・乱丁本は弊社までお送り下さい。
送料弊社負担にてお取り替えいたします。

印　　刷　株式会社エーヴィスシステムズ

©TAIGA Publishing Co., Ltd. 2016　Printed in Japan
ISBN 978-4-88661-652-4　C3054